Investment

Investment

Investment

Investment

| 全新增訂版 |

10條路，賺很大

肯恩·費雪教你跟著有錢人合法搶錢！
好讀、風趣又有用的致富指南

THE TEN ROADS TO RICHES
2nd Edition

The Ways the Wealthy Got There (And How You Can Too!)

KEN FISHER

LARA W. HOFFMANS
ELISABETH DELLINGER

肯恩·費雪、菈菈·霍夫曼斯、伊莉莎白·迪琳格————著　周詩婷————譯

目次 CONTENTS

目次 CONTENTS

目次 CONTENTS

CONTENTS

【推薦序】
學著不要跌倒，懂得配速慢跑！

楊斯棓

　　《10 條路，賺很大》一書作者肯恩・費雪以投資見長，其眾多收入中，料想稿費是最不重要的一筆。

　　根據 2022 年的統計，他擁有近 50 億美元身家，以全球富豪來論，大約是第 500 名，如果只和台灣富豪相較，則大約名列第 10。

　　本書是他眾多著作中相當精彩的一本，倘若讀完，我推薦讀者繼續追讀他 1993 年所寫的《榮光與原罪：影響美國金融市場的 100 人》（*100 Minds That Made the Market*）。

　　「賺很大」一詞出現在新聞報導裡時，有時具負面意義，指控商家想一次狠削消費者。譬如鬧上新聞的某年菜組合，跟工廠拿貨的成本是幾百元，卻以數千元的價格賣給消費者，年菜裡有蟲有蝸牛，有塑膠有瓷盤碎屑，最後怒不可遏的訂購者退貨上千萬。

　　《10 條路，賺很大》一書在 2009 年秋天首次在台灣出版。當年春天，有個知名網路遊戲《殺 Online》推出的廣告，有句台詞「殺很大」引起熱議，書名料想是跟此廣告「致敬」。

《10 條路，賺很大》的英文書名是：《*The Ten Roads to Riches*》，「to Riches」直譯比較接近：我要發家致富。

打開 Notion AI，請他幫你以「The Ten Roads to Riches」去腦力激盪一番，秒噴十答，每個答案在真實世界裡，我似乎也都能想到幾個相對應的臉孔。

如果有出版社請我仿照《10 條路，賺很大》寫一本親聞的《賺很大的 O 條路》，我會分享哪些故事？

第一、我會分享蔡董的故事，蔡董年輕的時候做過泥水匠跟板模工，當時一天至少可以領台幣 3000 元，當時冰棒一支 10 元。

當他的同事們下班後沉迷聲色犬馬，他把錢拿去買當時非常便宜的農地，每存到一筆錢，就買一小塊地，就此擺著。

後來土地重畫，農地變建地，總價值一度逼近百億，想來真是不可思議。

但現實面來說，他的致富模式需要天時地利，已不可能複製。

第二、我想分享陳老師的故事。

去年有則新聞標題：大學錄取率估 111.6%，但 1955、1956 年的大學聯考，錄取率都只有一成多，有好些年大學聯考的錄取率都在三成上下。10 個人有 7 個人無校可念，先嗅到重考班商機之人，多能賺到身家。

陳老師在其全盛時期，一年收到的學生，多到可以開設

70 班以上的學生，也因此捧紅不少明星老師，各科王牌樂當空中飛人，搭國內線班機，北中南趕課。

很多噙淚的落榜者只求打敗孫山，有人則有國立大學夢，陳老師手腳快開拓藍海，讓學子美夢成真，高額學費，取之有道。

後來他遭人設計，陷於女色，補教王國一夕崩塌。

我不禁想起知名投資家查理・蒙格（Charlie Munger）說的：「我只想知道的是，我會死在哪裡，所以我永遠不會去那裡。」

第三、也不能漏了古先生的故事。

古先生中年的時候，幹了一件極為誇張的事情。

他是家族裡的大哥，長兄如父，連弟媳、妹婿都不會有人動了「想跟他大聲說話」的念頭。

多年前長輩把一間房產要求古先生登記給弟媳，古先生雖照做，但一直心懷不軌。

幾年後他請弟媳把印鑑證明寄給他，弟媳並未多問，直接寄過去。

他拿到印鑑證明後，火速將該房產過戶給女兒。

弟媳似乎早已洞悉其貪念惡行，並未說破。

古先生寧可葬送手足情，也要非法掠奪他人資產，這種「賺很大」，倒讓他成了令人不齒的笑話。

第四、我想分享鄭先生的故事，他的思維一如古先生，他們倆若結拜，應能做出比美劇《黑道家族》（*The Sopranos*）劇情更誇張的勾當。

鄭先生是律師，兄、姐都不是從事相關行業。

鄭父早些年過世，鄭母晚年由他請外籍移工照顧。

鄭母一過世，鄭先生請手足到他辦公室簽下拋棄繼承聲請書。

明眼人就知道這完全不合法，如果沒有遺囑，每位子女都有四分之一的繼承權利。

三位手足根本不齒他，迅速簽下，但也就此斷絕聯絡，不屑再看到此人。

三位手足跟朋友說：「如果他懂得包個紅包，我們也不會拿裡面的現金，『提一個紅紙意思意思』（台語），畢竟父母晚年也是他在照顧（雖然開銷出自父母存款）」。

鄭先生寧可割捨手足情，把父母遺產私心劫奪，吃相難看，「賺很大」的同時，也葬送了人格。

我身邊還有幾個「賺很大」的故事，先不論故事主人翁的忠奸，先不論財富能否留得長遠，在此先打住。

就像巴菲特說自己「中了卵巢樂透」，有些「賺很大」的人生劇本，需要與生俱來的幸運加上天時地利，但就算沒有這般幸運，我們也可以透過本書觀察很多幸運之子是怎麼自我毀滅的。學著避開自我毀滅之路，是我們必修的人生學分，對我們攢積財富，甚有幫助。

很多人對於成為富人有憧憬，以為在人生的十字路口做出某些抉擇，就能大大增加自己的「富人率」。

很多人不識富人，對於富人有錯誤想像，於是騙徒精心計畫，假扮成一般人「想像中的富人」，手持運通黑卡，帶人出入晶華酒店地下樓的專屬貴賓室，誇誇其談，開採黃金，A 地買、B 地加工、C 地高價賣，講一百次之後比 TED 講者還精彩，普通貴婦聞之心癢難耐，解了定存大膽投資，殊不知，騙徒人間蒸發的戲碼，不久就上演。

本書這位見多識廣的作者，分享其見聞，他不是酸言幾句，只圖潑你冷水的快感，而是把懷抱想像的讀者浸在冰水桶裡，讓讀者冷靜思考，想登富人山，該持何杖？何時出發？如何擇伴？

（本文作者為醫師、《人生路引》作者。）

【前言】
現在，比過去更需要變有錢

　　本書第 1 版在史上最糟糕的時機上市：全球市場急速惡化的 2008 年秋季。

　　事後看來，我很幸運，書只是沒被看見，被遺忘在全球金融危機下遭殃的市場與華爾街，就像我們所知道的那樣。在一個這麼黑暗的時刻，一本讚美累積財富——偶爾嬉笑怒罵的書，受到的反彈可能更加兇猛且嚴厲。「瞧那垂垂老矣、跟現實脫節的肯恩・費雪，華爾街都崩盤了還寫書騙人！」「變有錢？在現在**這個**市場？最好是啦！」大部分觀察家不會在乎這些書的前置時間有多漫長（我撰寫本書的時間，大部分是在 2007 年的夜晚與周末），或是發行日期得好幾個月前就排定，遠早於大家關注雷曼兄弟（Lehman Brothers）的流動性。感謝上帝的小小垂憐。

　　同時，這也讓我有點難過。我一直都很喜歡這本書。對我來說，寫這本書是偏離軌道——不像我以往的書深入探討資本市場，相反的，它是對真正的有錢人，過去（和現在）如何找到方法致富，以及為什麼你也能辦到、如何辦到（現在依然可以！）——裡頭有許多有趣的事蹟與私人軼事。我的目標之一，是協助洗刷跟財富有關的汙名。即使時光倒流，回到「收入不平等」（income inequality）成為政治經濟最熱門的話題之前，也有一種看法逐漸產生，那就是認為有錢令人難為情。我的看法始終相反：當你取之有道，你是在讓這個世界變得更好。你創造財富不光為自己，也是為社會，別人也會受益於你的努力。當時我希望大家知道怎麼做，現在我還是這麼希望。

▌為什麼是現在？

打從這本書出版以來，社會對財富的敵意有增無減。我們經歷了「占領華爾街」（Occupy Wall Street）運動和對所謂「1%」（One Percent）的毀謗。對收入與財富分配不均的強烈反對越來越高漲。政治人物把仕途全建立在拿富人開刀、削減企業規模和分散財富上。一份又一份的調查顯示，千禧世代已經背棄資本主義，渴望一個「真實有效」的制度。美國參議員伯尼・桑德斯（Bernie Sanders）在 2016 年的總統大選中發表慷慨激昂的演說，逾 1,200 萬名民主黨黨員在初選時投給這位社會主義參議員，要用他的「政治革命」對抗「可憎」的貧富不均和「企業的貪婪」。[1]唐納・川普（Donald Trump）在政壇的崛起，當然也是因為這位億萬富翁把自己定位成「被遺忘的每一個人」的擁護者。

所以，我現在發表了第 2 版，看起來可能有點瘋癲。沒關係！這只是為了讓這本書的出現顯得更加重要、刻不容緩。大部分受歡迎的文獻資料都誇大了貧富不均（稍後會探討更多），但即便如此：每一個最近變有錢的人，都為縮小貧富差距貢獻了一己之力。

變有錢帶有利己的成分，有些人會覺得反感。始終都有，或許將來也會有。但這不能抹滅更廣泛的社會影響。如果你變有錢是靠建立事業，你可能會雇用人們，幫助他們改善生活。也許你能讓他們搬進更好的社區、送孩子上好學校，並追求人生的美好事物。太棒啦！又或者你會發明新產品或服務，進而改善環境、營養、公共衛生、老人照護、兒童教育，或任何推動你去做的事。你或許會靠娛樂大眾或寫出熱門流行神曲，來豐富我們的文化。也許你累積財富是依靠管理別人的資金，協助他們達成財務目標。也許你將持有房產，消除不利因素後把房屋翻新，讓大家有更好的地方安頓生活。以上這些都能提升社會跟你的存款數字。

變有錢通常指做好事（後面你將看到），更常指更令人興奮的生活。要是羅伯特・諾伊斯（Bob Noyce）[1]沒有跟別人一起發明積體電路（Intergrated Circuit），人類現在會在哪裡呢？他選擇了一條致富之路，而全世界都深受其惠——富人、窮人，以及介於兩者之間的所有人。我們將會看到這種有益的影

---

[1] 半導體公司英特爾（Intel）的共同創辦人。

響，一再地出現在人們身上，他們把世界變得更好，是因為做好事、變有錢、享受他們的人生。這對人們來說再好不過，而對做這些事的人來說感覺也超讚。

確實，不是每一個人都能變有錢。但對我來說，大部分的人一定可以——他們只是不知道方法。如果有更多人知道，世界上就會出現更多有錢人，世界也會變得更美好。這已經是現在進行式，隨著有錢人的行列遍及發展中國家與新興國家，世界各地的極端貧窮正在減少。只要有足夠的時間和有致富動機的人知道如何創造財富，我們就可以消滅貧窮。世界上仍會存在某種形式上的「貧富差距」，但是那些處在社會底層的人，他們的生活水準將會過得像過去幾世代人的頂層。生活品質很重要。這不一定會在我們的有生之年中發生，但是每一個攀登社會階梯的人，都是會朝著更美好的世界跨出一小步。所以我要邀請你閱讀這本書，也為此盡一份心力。

▌時代正在改變，但變得不多

那些日子，流行說法中的「美好時光」已經結束，1980和 90 年代所存在的機會一去不復返。人們指出，美國家庭實質收入的中位數，從 1999 年至 2014 年，已經下降了 7.2%，以此為社會流動（以及中產階級已死）的證明（2015 年上升了 5.2%，但依然安撫不了他們）。[2] 不是這樣算的！很少人能夠理解，現在的致富機率，跟 10 年、20 年，甚至 50 年前，是一樣的。

要明白這一點，得後退一步，把你的目光從流行的「收入不平等」觀念挪開。大家通通都搞錯了。最被廣為引述的研究，扭曲了收入的定義，使用稅前的數字，並把資本利得和薪資所得混為一談——就連美國國稅局（IRS）都不會這麼做。人們還忽視了諸如年齡和家庭人口數等人口統計數字。透過只追蹤家庭收入，拿一個 23 歲職涯才剛起步的人，跟她的雙親加起來的收入比較，而且是跟他們收入高峰期的雙薪比較。這不是真正的不平等，這只是人生實況。

在 2015 年，美國家庭所得的中位數是 56,516 美元，但是夫妻的所得中位數卻是 84,626 美元！獨居單身女性的所得中位數只有 37,797，單身男性則有 55,861 美元。一戶有多少人在賺錢很重要。年齡也一樣！34 至 54 歲的所得中位數高於 7 萬美元，但 24 歲以下那組則只有 36,108 美元。年齡次高的 25 至 34 歲則是 57,366 美元——對他們的職涯來說是一大進展，跟起薪相比也是一大躍進。[3]

換句話說，過去 25 年來的美國家庭所得中位數，或許看起來令人不快，但並非單人家庭（或單身人士）都困在那個收入水準、或眼睜睜看著他們財富縮水。實際上，大部分數據顯示，人們的收入會隨著年齡穩定增加。與其追蹤泛泛的整體數字，不如追蹤實際的人群，其方法例如亞特蘭大聯邦儲備銀行

（Atlanta Federal Reserve）的《薪資成長追蹤指標》（Wage Growth Tracker），就顯示自 1990 年代以來，收入成長力道強勁（你也能在 https://www.frbatlanta.org/chcs/wage-growth-tracker.aspx 上找到）。

收入與財富始終都有所不同。有些人將甘冒大風險並取得成功，他們會得到報償，其他人則否。他們的生活可能會過得不錯，但不代表能累積數十億美元的財富。這也很好啊！重要的是大家依然有機會賺大錢。

這就是強烈反對收入不平等所疏忽的事情。著眼於不平等，使得人們忽略了更重要的問題：機會平等。或者，更簡單的說法：今日的美國，是否和過去數十年一樣，依然是一個向上流動的社會？

答案是：當然是！2014 年，一份由加州大學柏克萊分校（U. C. Berkeley）與哈佛大學（Harvard）經濟學家發表的研究，被視為是這個課題的黃金標準。研究發現，現在的「代間流動」（intergenerational mobility[②]）大約是 20 年、甚至 50 年前的水準。[4] 你可以爭論這個流動性夠不夠高（我認為越高越好！），但是如果流動水準 50 年不變，表示你想變有錢，就跟從前一樣容易（或困難）。本書所闡述的人物故事，放到現在來看，跟第 1 版發行時一樣重要。

---

② 指兩代之間社會地位或階級的改變。

　　對了，這也表示資本主義依然有效。我知道這不是個誘人或受歡迎的說法。但如果你將要開始讀這本書，嘗試加入 1% 陣營，這是你需要了解的第一件事。

▍同樣的路徑，許多新面孔

　　大部分探討貧富不均的文獻，都嘲笑控制「資本」的人，描繪假想的王朝財富如何控制地球──富豪家族積攢了世界上大部分的錢，沒留下一丁點的渣滓給別人賺。實際上，單靠繼承登上《富比士》400 大富豪榜的人並不多。一共有 266 位是白手起家，包括 40 位實現美國夢的移民，其餘的可以分成純粹的繼承人（包括好幾個名字當中有沃爾頓〔Walton〕的），以及繼承遺產但又增加財富的。這份榜單在 1980 年代初期開始發布時，靠自己建立財富的人數不到一半。[5] 有些新進的白手起家億萬富翁，例如 Snapchat 的共同創辦人艾文‧史畢格（Evan Spiegel），在《富比士》第一次發布富豪榜時，根本就還沒出生。③

　　富人的階級流動比大部分人所揣想的更多。2016 年有 26 人跌出《富比士》富豪榜（包括 6 名往生者）。留在榜上的，

---

③ 持有沃爾瑪百貨（Walmart）46.07%股份的沃爾頓家族，是世上最有錢的美國家族之一，家族財富總和約為 1,300 億美元，曾有 5 人同時登上《富比士》400 大富豪榜。

超過百人目睹他們的資產淨值縮水。人們以為有錢人光是坐在那裡，就能瞧見他們的錢變魔術般地繁殖。但在現實中，維持有錢並不容易。這是個權貴吃掉權貴的世界。

自從我在 2007 年撰寫本書以來，我的主要參考文獻之一《富比士》400 大富豪榜，已經大幅改變。整整 157 人跌出榜外，包括上天堂的 58 人（他們的繼承人進入 2016 年榜單的人數非常稀少）。有些人跌出榜外，但依然是億萬富翁，只是被更年輕的富豪超前。一對夫妻因為慈善之舉離開榜單。有幾位在 2008 年因為房地產慘敗。兩人入監服刑，其中一位因為證券詐欺被判刑 110 年。飯店繼承人詹姆士‧普立茲克（James Pritzker）改名珍妮佛（Jennifer），還在榜上而且看起來比過去更開心[4]。

新進榜的 157 人大多是白手起家。大學文憑依舊不是必要，而且對移民和土生土長的美國人來說，美國夢依然生龍活虎。我們有科技才俊如臉書的馬克‧祖克柏（Mark Zuckerberg）、西恩‧派克（Sean Parker）和達斯汀‧莫斯克維茲（Dustin Moskovitz）；WhatsApp 創辦人簡‧庫姆（Jan Koum）和布萊恩‧艾克頓（Brian Acton）；創投悍將彼得‧提爾（Peter Thiel）；特斯拉（Tesla）天神伊隆‧馬斯克（Elon Musk）；張東文（Do Won Chang）與張金淑（Jin Sook

---

[4] 她是全球首位公開變性身分的億萬富豪。

Chang），他們用時裝品牌 Forever 21 征服了追求時尚的少男少女；熊貓快遞搭檔程正昌與蔣佩琪（Andrew and Peggy Cherng）；租房網 Airbnb 創辦人內森・布萊卡斯亞克（Nathan Blecharczyk）、布萊恩・切斯基（Brian Chesky）和喬・傑比亞（Joe Gebbia）；優步（Uber）的特拉維斯・卡蘭尼克（Travis Kalanick）等等。商業軟體開發者大衛・達菲爾德（David Duffield）也上榜了，證明了白手起家不是只有年輕人才行。年過 80 的達菲爾德創辦了仁科公司（PeopleSoft）時已經 47 歲，他 2005 年出售這家公司，之後因為閒不下來，在已屆退休年齡時又創辦 Workday 公司。他現在依然是這家公司的董事長，熱衷於徒步旅行。你有多老，全憑你的感覺而定。

　　《富比士》400 大富豪榜的年齡光譜也還在演變，而且演變的方式不是你所想的那樣。40 歲以下的富豪多了一倍，從 7 人增加到 14 人，但是年齡中位數從 2007 年的 65 歲提高到 67 歲了。當年輕人進榜、老傢伙去世，留在榜上的 243 人全都多了 8 歲。現在榜上 40 至 50 歲的人變少，80 歲以上的人變多，甚至還有百歲人瑞──101 歲的大衛・洛克斐勒（David Rockefeller Sr.）⑤！如果你的下巴剛才掉到地板上，容我提醒一下：預期壽命會隨著時間拉長（第 10 章）。你也可能活得比你以為的還要久。

---

⑤ 於 2017 年逝世。

█ 10 張致富的路徑圖

　　當你掃視《富比士》400 大富豪榜中的新進者，有一件事顯而易見：世界最富有的人，依然不出 10 個基本類別。因此，這 10 條路依然是致富唯一合法、可以詳細規畫的路徑：

1. 創辦一門成功事業——錢賺最多的一條路！
2. 成為一家企業的執行長，並經營得有聲有色——非常機械化的工作。
3. 成為副手搭上成功者的便車，一路向前——附加價值高的一條路。
4. 把名氣變成財富——或者把財富變成名氣，然後變得更有錢！
5. 跟好對象結婚——非常、非常好。
6. 透過興訟合法劫掠——不必掏槍！
7. 打理別人的錢來賺錢——大多數超級富豪都走這條路。
8. 透過「創作」製造源源不絕的未來收入——就算你不是發明家也可以！
9. 把不受矚目的房地產變成錢，成為地產大亨！
10. 最多人走的路——用力存錢，做好投資！

　　我說「**可以詳細規畫**」是因為我無法教你怎麼中樂透。繼承財產也能讓你上富豪榜，但我也無法教你做法，畢竟你無法選擇父母。資產淨值各有 48 億美元的亞歷杭德羅和安德列斯・聖多明哥（Alejandro and Andres Santo Domingo）兩兄弟，並沒有努力成為啤酒大亨胡立歐・馬立歐・聖多明哥（Julio Mario Santo Domingo）的兒子，他們只是投對胎而已。你跟有錢人要嘛是近親，要嘛不是。可能會有書談論如何不要揮霍龐大遺產，或是不要惹毛你祖父，免得他把財產捐出去而不是留給你——芭黎絲・希爾頓（Paris Hilton）的爺爺就是這樣。但那是人生指南，不是教你如何致富。更何況，就算你老爸老媽是超級富豪，他們也可能認定你最好自食其力，不要靠他們的財產奢侈度日。就以比爾・蓋茲（Bill Gates）、祖克柏和達菲爾德這三人為例，他們都承諾要捐出數十億財產的大部分，來做慈善。

　　回頭說說真正的致富路徑，有一些路徑比其他路徑有效。《富比士》400 大富豪榜大部分的新進者，都走白手起家的路，無論他們是像祖克柏和 Airbnb 小伙子那樣創業，或是買下創辦不久的新企業，並帶領它邁向顛峰，就像星巴克的「咖啡長」（Barista-in-Chief[6]）霍華・舒茲（Howard Schultz）。搭上一輛成功遠見者的便車，例如馬斯克，也依然可以賺進數十

---

[6] 這是媒體給他的稱號，不是他真正的職稱。Barista 是咖啡師。

億美元。發明與管理資金也行。

不過，其他路徑更有挑戰性。2007 年時，還沒有任何藝人上榜。就算是光靠巡迴演唱會就賺進逾 14 億美元的瑪丹娜（更別說還有唱片銷售），也還是進不了富豪榜。⁶ 藝人在投資方面大多做得很差，又花錢如流水，因為身邊太多想揩他們油的人了。榜單上現在也沒有律師了，自從侵權之王喬・賈邁爾（Joe Jamail）在 2015 年過世之後，就沒有討人厭的原告律師發跡了。

然後，不是所有路徑都適合每一個人。怎麼可能！但起碼想要變有錢，人人都能找到一條合適的路走，或是結合幾條路徑。我們將會看到有些人把一條路徑走成功後，換走另一條。例如成為一家不是你創辦的企業的執行長（第 2 章），壯大它、賣掉它，然後拿收益創辦自己的公司，最後變得更成功（第 1 章）。或者做一個媒體大亨（第 4 章）和成功的執行長。有些人同時走兩條路徑。我是一家公司的創辦人兼董事長（第 1 章），但這家公司的業務是用別人的錢來盈利（第 7 章）。如果你能一次走兩條路，速度會加快。更艱辛，可是更快速。但是大部分有錢人終其一生只走一條路。這樣也行得通。只要行得通，就足夠了。

我相信只要仔細調查，比起無法靠規畫致富的少數幸運兒，靠 10 條路創造財富的人，最終會比較快樂。而且因為錢是自己掙來的，會對自己比較有信心。閱讀這 10 條致富路徑，你將會看到許多開心的人。

■ 「當你遇上岔路，請繼續走下去」

這是我兒時的偶像尤吉・貝拉（Yogi Berra）在 1950 年代說過的一句話，當時我夢想成為一個職業棒球捕手。幾十年以來，我一直在距離我辦公桌的 3 英尺⑦內，設置一個記事板，裡頭有這句話的放大版本，記事板上還拼貼著對我現在以及曾經很重要的人們的照片和資料。你會需要數十年的智慧，才能讓人生漸漸變得輕鬆。然而一旦你了解了這些路徑，這句話大致能總結該如何變得超級有錢這件事。

貝拉後來批評了自己大部分知名的尤吉名言錄（Yogisms）。他宣稱「當你遇上岔路，請繼續走下去」這句話只是他開車回家的行車指示；而當你遇到岔路，無論選擇哪一條路徑都是可以的，因為之後路線會重新接合，不管走哪一條路都能到達目的地。如果是這樣，這句談及「持續前進」、頗有禪意的話，就像要求我們「前進」的命令一樣，也使我們能夠受用。不過長大之後，我認為貝拉要說的是，我們應該在沒有大路標的時候，適時地做出快速、基本方向的決定。也許我一直都誤解了這句話的意思，但我還是更喜歡自己對偉大的尤

---

⑦ 不到 1 公尺。

吉這句話的詮釋。在人生中，有的路徑通往財富，有的路徑不會。走上不會通往財富的路徑不是錯誤，但如果你選擇這樣的路，將會求仁得仁。不要感到意外。

要系統性地致富，就要找到那條對你而言有意義的路，當遇到了岔路，選擇一條路並堅持下去。

本書有著一條路徑對應一個章節的方便設計。你可以不必照順序閱讀——從哪一章開始讀並不重要，重要的是找一章開始閱讀。如果你認為這條路徑不適合你，跳過去，找一章更適合你的。在整本書中，我會不時提到其他路徑，——有時在書的前面，有時在後面。請你把這本書，想成是 10 本迷你書的合集。

你可能會覺得有些路徑很蠢，抗議道：「這太扯了，創業風險很高耶！」或是：「現在有誰想買房地產啊？2008 年房市才遭到重挫。」其他人可能會說，「這低劣又沒水準！你不該建議大家像**安娜・妮可・史密斯**（Anna Nicole Smith[8]）或**約翰・凱瑞**（John Kerry[9]）那樣，為了錢而結婚。」我不是建議任何人都這麼做，只是記錄了走過這條路的許多人。或者，要是你不同意我的說法，覺得自己不應該變有錢，那對我來說也不成問題，一切取決於你。你是否變有錢或是怎麼變有錢的，

---

[8] 26 歲時嫁給 63 歲的億萬富翁。

[9] 他娶了亨氏食品（Heinz）創辦人的遺孀。

不關我的事。人生有許多值得走的路徑，跟財富無關，你應該為自己找到適合的路，無論這條路跟錢有沒有關係。

以下是我想事先跟各位讀者說的一些警語：如果有某一章看起來內容輕浮或令你反感，也就不是適合你的路徑。要讀完那一章還是跳過它，由你決定。我寫這本書的本意，不是讓人感覺不舒服。例如，我在很多章裡都舉自己當例子，這是因為我擁有許多關於我自己的第一手資料。有些人可能對於我一直談到自己感到反感，但我只是努力向你展示這些路徑，不是想要讓你覺得不舒服。如果你越讀火氣越大，去倒杯紅酒、散散步、踢踢牆壁，隨你做什麼，然後再回來，另找一章開始讀。

當然，有些人光是「變有錢」的概念，就覺得反感。在2008年和「占領華爾街」（就在本書首度出版之際）之後，就更多了。如果你就是這樣的人，我沒有更進一步的建議給你了，你顯然也不會喜歡這本書。

「在一生中賺進3,000萬美元」聽起來或許像是痴心妄想，但要做到並不難。沒人會這樣告訴你，但這是實話。例如：打造一門算不上非常成功的企業（第1章），在10年內成長到年營收1,500萬美元。要是淨利率有10%，你就淨賺150萬美元了。如果這家企業價值淨利的20倍──不是很離譜的算法──這就是你的3,000萬美元。幾年後，你將會知道你的公司是否能更上層樓──能不能進一步擴大經營。要是可以，你會變得非常有錢；要是不行，帶走3,000萬美元，去過開心日子吧！或是去創辦別的事業，或者乾脆退休！由你決定。

　　這不可能嗎？不！這不值得考慮嗎？不——但是如果你失敗了，你可以重新來過。夠年輕開始的話，你或許能嘗試 3 到 5 次。要是失敗了，你可以嘗試再次創業，或試試別條路。還有 9 條呢！

▋ 要做名人嗎？

　　本書的主題不是名人，儘管我用了許多名人做成功（有時是失敗）的範例。本書的主題是致富路徑，不是人。基本上，名人有兩種。一種是成名之後，因為名氣而變有錢。例如拳擊手喬治·福爾曼（George Foreman）引退時窮得要命但是很有名，他便利用名氣創業（第 4 章）。梅爾夫·格里芬（Merv Griffin）超有錢，甚至曾短暫登上《富比士》400 大富豪榜，但他根據自己身為藝人相稱的名聲，建立了一個媒體帝國（第 4 章）。第二種是先賺錢再變有名，我首先想到的是華倫·巴菲特（Warren Buffett），或是羅納德·佩雷爾曼（Ron Perelman），他們因為有錢而聞名。

　　名人不是目標。在本書，我將無法避免討論到名人，但重點是致富路徑。例如，在「先有錢再有名」的眾人之中，很難不提到比爾·蓋茲。他是某一條致富路徑裡成功的巔峰。不引述這些走過致富路徑最成功的人，我就無法完整說明該條路徑，或其他路徑。但我更加聚焦在那些運用該路徑、但名氣沒那麼響亮，或是沒有名氣的有錢人——正在為不為人所知的財富數量，運用同一條路徑的人。對你的目的來說，這些例子可能更實用。如果你想知道比爾・蓋茲或其他名人的腥羶韻事，我相信在網路上你可以找到一大堆。本書只辨識這些名人選了哪一條、或哪幾條路徑，以及你可以如何利用這些路徑成功——無論你選擇怎樣的有錢程度。

你還會看到不該做什麼的例子。例如，我在第 6 章向你展示如何合法偷錢。這個碰觸敏感神經的議題可能會讓某些人反感——也許就是你！但我會展示走上這條路徑的人，他們總認為自己很棒。然後我會給你看一些例子，他們忘記了「合法」這個環節。他們做的事情幾乎都相同卻違法了，至今還在蹲苦牢。他們對自己感覺就沒那麼棒了。

每一章都有走成功、也有走失敗的例子——兩者都會得到教訓。但是成功走向這 10 條路徑，也跟你一生的幸福有關。第 5 章的章名不是「跟有錢人結婚」，如果是這樣，或許表示為錢而結的婚姻裡沒有愛——導致未來或許有錢，但也不痛快。這一章章名是「跟好對象結婚」，這包括了一切美好事物。但是這一章一樣涵蓋了可能會導致失敗與不幸而需要避免的錯誤。每一條路徑都有需要避開的死胡同。

不過整體而言，這 10 條路徑都跟我第一次為您繪製路徑圖時一樣切實可行。有些面孔換了，有些之前的成功故事遭遇悲慘的時機，但路徑還是相同的。有些路徑比其他路徑坎坷，有些路更險峻，但都能帶你走向富裕、幸福的目的地。

▌岔題一下

　　有許多致富方法，成功機率可能只有百萬分之一。例如有人去划船，船沉了，他潛水跟著那艘船，結果發現水底下有寶藏。這意思不是你應該開始划船。這不是致富路徑，而是純粹好運。某人去做某事，結果成功了，不代表你就應該嘗試去做。例如，寫作是很高尚的工作，但不會讓許多人變有錢，我會在第 8 章詳細說明。我還會向你展示，要是你是作家又想變有錢，你該做什麼事。但是大部分情況下，寫作是為愛勞動，不是為了錢。確實，是有少數人成功靠寫作致富，例如 J.K.羅琳（J. K. Rowling）和史蒂芬‧金（Stephen King）。書中會介紹他們，並向你展示如何走這條路——以及你身為寫作者，能如何趕上他們的成就。但是第 8 章的主題是他們走上這條路的意外轉折，否則，靠寫作致富的例子少之又少。正規的寫作與其說是一條致富路徑，不如說是刻苦乏味的生活。

　　而且寫一本書，勞心又費神。那麼，如果這不是致富的康莊大道，我又何必大費周章，尤其是這本書，我還寫了兩次呢？兩個理由！第一，寫作是愛的勞動，我很享受寫作，而且我有大把的時光，我寫得很開心。第二，我早就是有錢人了，這本書是一種回饋，透過闡述其他人的致富路徑，讓像你這樣想向他們看齊的人，也可以辦到。我已年過 70，人生來到暮年，我喜歡我一直在做的事，但餘年已經遠遠少於曾經走過的歲月。我和妻子的 3 個孩子已經長大，讓我得以想住哪裡就住哪裡，想做什麼就做什麼。我有一些嗜好。我回饋社會的方式不是把錢獻給歌劇。歌劇沒啥問題，只是非我所愛。我的慈善捐款早就連死後都做好規畫，大部分財產將捐給約翰霍普金斯醫院（Johns Hopkins Medicine）——我的想法是，在我死後，醫學研究將幫助人們。實際上，從財務的觀點來看，長久以來，我一直是在為這家優良機構的福祉工作。但是對我來說，回饋社會不是做一個童子軍——我得再說一次，童軍沒什麼不好，只是非我所愛。對我而言，本書是回饋社會的合理方式，如此一來，也許某個人、許多人，也許**你**，可以首次明白，你可以如何用滿足你的方式**變有錢**，這個方法合乎**邏輯**，有條有理——並讓世界更美好。

▌找到適合你的路徑

現在你的手上已經有了一張路徑圖，我們準備開始了。把每一章想成一次初步試驗。也許這條路吸引你，也許提不起你的興致。但只要你能掌握常見陷阱，渴望致富的每一個人都能在這本書裡找到一條合適的路。這些路徑的美妙之處，在於時機好壞都行得通。其他人在其他路徑發生什麼事並不重要，重要的是你找到、並走上你的路徑。

關於本書描述的人物們，有些你會想要仿效，其他（有時很可笑）則讓我們引以為鑑。誰能決定誰才是對的、誰是個笑話呢？如果你想要變有錢，誰來決定某人所選的路徑是對的？只要他們走得開心、不犯法、良心不會不安就好了嗎？如果他們變有錢是靠扮成雞偶人跳舞（第 4 章會詳述），又該由你還是我來評判呢？

願你的旅程現在開始！如果閱讀到本書結束時，你還是覺得這 10 條路徑沒有一條適合你的，那至少你也透過閱讀這 10 條路徑，省下了自己親身經歷、最後才發現是一條死路的麻煩。要是這樣也不壞。

享受你的旅程，並盡量從已經找到路徑的人身上學習吧。

CHAPTER

01

創業 —— 賺最多的路徑

擁有令人信服的見解？具備領導的才能？一個與你同心的
配偶？或許你會是一個有遠見的創辦人。

這是賺最多的一條路徑。創辦自己的公司，可以創造驚人
財富。美國最有錢的富豪裡，10 個有 8 個選擇這條路，
包括比爾·蓋茲（資產淨值 810 億美元）、亞馬遜創辦人傑
夫·貝佐斯（Jeff Bezos，資產淨值 670 億美元）、臉書創辦人
祖克柏（資產淨值 555 億美元）、甲骨文執行長賴瑞·艾利森
（Larry Ellison，資產淨值 493 億美元），媒體巨擘與前紐約市
市長麥可·彭博（Michael Bloomberg，資產淨值 450 億美元）
和年紀輕輕就靠 Google 發跡的謝爾蓋·布林（Sergey Brin）和
賴瑞·佩吉（Larry Page，大約兩位各 380 億美元）。[1] 緊跟在
後的是賭博大亨謝爾登·阿爾德森（Sheldon Adelson，資產淨

值 318 億美元）、Nike 的菲爾・奈特（Phil Knight，資產淨值 255 億美元）、金融巨鱷喬治・索羅斯（George Soros，資產淨值 249 億美元）、戴爾電腦的知名創辦人麥可・戴爾（Michael Dell，資產淨值 200 億美元）、特斯拉願景宏遠的馬斯克（資產淨值 116 億美元），還有許多來自各種產業與各地的美國富豪。[2] 還有比這條路徑賺更多的嗎？這些變有錢的傢伙，他們的後代也走向致富之路（見第 3 章）。

這條路幾乎不受產業、教育程度、家世的限制──博士和大學中輟生一樣被欣然接納。大陸資源（Continental Resources）創辦人暨執行長哈羅德・哈姆（Harold Hamm，資產淨值 131 億美元）是奧克拉荷馬州的佃農之子，小時候過得苦哈哈，一直都沒有從高中畢業。[3] 他跑去抽石油、開卡車和學習石油產業怎麼賺錢。現在他因為是「全世界最有錢的卡車司機」以及巴肯頁岩（Bakken shale[①]）而廣為人知。

但是提醒你：**這條路不適合膽小的人**。走這條路需要勇氣、紀律、好名聲、策略性的遠見、忠心能幹的助手，可能還需要一些好運氣。缺乏創業精神的人別走這條路，畏首畏尾的傢伙也別來。

別誤會我的意思，這是條艱辛的路，很少有企業能存活超過 4 年。[4] 但創業就是美國夢。成功是超人和女超人的國度。

---

① 他是美國最主要的頁岩油鑽井商，曾任川普團隊的能源顧問。

成功的關鍵，在於你與眾不同的做法是新鮮的花樣——是有效的差異化。

你是一個充滿幹勁的人嗎？你能像菲爾・奈特說的那樣，「做就對了」（Just do it）嗎？你必須對你的核心業務，以及經營公司的日常工作十分拿手。光有願景是不行的！你需要敏銳的洞察力、個人魅力、策略思維和領導才能。我還沒見過哪位成功的創辦人，是沒人想要追隨的傢伙。他們就是超級明星。他們知道自己的產品還不夠，他們精通銷售與行銷。他們變身為優秀的公司代表。他們還在一波又一波的新進員工裡，建立起共同的企業文化，這樣就算執行長不在，公司也能自行蓬勃發展。這非常嚴苛，對吧？

在你朝著這條路啟程之前，得先回答 5 個關鍵問題：

1. 你能改變世界的哪個部分？
2. 你將創造新產品，還是改革既有產品？
3. 你將會持續經營所創辦的公司，還是伺機售出？
4. 你將需要外部資金，還是能夠獨資創業？
5. 你的企業未來是否會向公眾發行股票公開上市？

▌選擇路線

第一個問題——你能改變世界的哪個部分？別誤會我的意

思，無論大小，創業的人都為世界帶來些許改變。理想上，你能在你熱衷的領域創造改變。就算是在很糟糕的產業裡，改變也能創造價值。把很糟糕的產業變得不糟，價值驚人！又或者真的沒有能讓你產生熱情的事情，但是願意跟著錢走——那就鎖定高價值的領域。要做到這一點，請翻到第 7 章，練習判斷什麼領域最有價值。

你也可以鎖定在美國本土和全球，可能會變得更重要的幾個產業。例如服務業的成長幅度超大——確實，美國經濟近 80%是服務業。[5] 科技的角色只會更加關鍵而不是越來越渺小——要靠它——還有網路安全。醫療產業也一樣，不管經濟繁榮還是蕭條，我們都想要更多的藥物治療。2008 年，金融業遭到打擊，但人們永遠都需要投資與借貸——尤其是創辦公司的創業家。以上都是可能會變得更重要的領域。

或是稍微拋開這些概念，鎖定可能會變得比較不重要的產業。我現在不是在預測接下來幾年，任何產業會有什麼發展，但長期而言，組織工會的企業（像是汽車和航空）會緩慢而痛苦地衰亡，股票的報酬率慘兮兮，而且最終會被取代——以某種避開工會的方式。也許你創業是想創造改變，並且不被取代。想想：什麼產業會需要一台優步？

從小規模做起，逐漸成長——永遠把可擴展性放心上

創業時，從小規模做起是最好的。很少有人剛創業就被判

定是下一個微軟 —— 他們在媽媽的車庫裡用電腦笨手笨腳地做事。我創業時起步很小。要是當時你問我是否會經營出一家規模像今天這麼大的公司，我會哈哈大笑。從小規模做起，逐漸成長，**永遠把可擴展性放心上**。這意思是，如果你的事業一炮而紅，會不會因為成功而受挫呢？

例如，乾洗店是小本經營。需求相當沒有彈性 —— 就算日子再難過，人們永遠需要乾淨的衣服穿。乾洗業的進入門檻很低，但卻又因此不太可能拓展成大規模的全國事業 —— 它缺乏可擴展性。連鎖乾洗店基本上不存在，經營一家或幾家地方性的乾洗店能變得多有錢？但反過來想，搞不好你會成為那位解決擴展性問題、想出如何建立大型連鎖乾洗店的人 —— 就像乾洗業的山姆·沃爾頓（Sam Walton[②]）。

墨西哥捲餅攤位很小，和乾洗店一樣是小本經營，只需要墨西哥玉米餅和一台小推車，但它具有大規模的可擴展性。你不會為了造訪你最喜歡的乾洗店而下高速公路，但你會為了中午吃到最喜歡的墨西哥捲餅這麼做。例如奇波雷（Chipotle）是位於丹佛的一家墨西哥捲餅在地小店，經麥當勞投資後變成全國連鎖餐廳，並於 2006 年股票上市。它是透過專注於可擴展性，從集中採購、大量投放廣告，和 —— 是的，還有科技，盡其所能地利用優勢，讓小蝦米變成大鯨魚。

---

② 沃爾瑪百貨創辦人。

▌更新，還是更好？

　　下一題。創業家改變世界有兩個基本方式。創造全新事物——填補了一個產品或服務的空缺，或是把既有產品變得更好、更有效。你是哪一種？創新的例子像是比爾‧蓋茲和已逝的蘋果創辦人史帝夫‧賈伯斯（Steve Jobs），[6] 或是維爾‧基斯‧凱洛格（Will Keith Kellogg）——玉米片和穀類早餐食品的創造者，或是發明犁鋼的鐵匠約翰‧狄爾（John Deere），強鹿公司也是美國歷史最悠久的公司之一。完全的創新！

　　你最初的動機可能是出於個人的需要——也許是改變你世界裡的一小部分。這可能大有賺頭。我的朋友麥可‧伍德（Mike Wood）是智慧財產權律師，因為找不到可以幫兒子學習自然發音法的電子遊戲而感到氣餒。他受此產品欠缺的激發，在 1995 年創辦了跳跳蛙（Leapfrog）公司。9 年後當他退休時，他持有的股票價值 5,340 萬美元。[7] 當麥可卸下律師身分時，就會展現他富有創意的一面，他也很會彈吉他、唱牛仔歌曲。你或許以為你需要拿到麻省理工學院（MIT）的文憑，才能發現下一個偉大產品。但事實上，有時你需要的只是相信別人也有某種需求——或許還需要一些創意跟牛仔歌曲。

　　如果你無法構思新產品，可以**嘗試改善既有產品**。許多當今最有錢的企業家，很多只是改良了市場上既有產品——改善性能、生產力或是淨利率，讓產品變得更好。

像是查爾斯‧施瓦布（Charles Schwab，66 億美元③）[8] 並未發明折扣經紀（discount brokerage④），但是讓這種業務模式變得普及。已逝的博士音響（Bose）執行長阿邁爾‧博士（Amar Bose）並沒有發明立體揚聲器，但他讓揚聲器聽起來棒到不行。WhatsApp 創辦人艾克頓（54 億美元）和庫姆（88 億美元）並未憑空想出行動通訊，他們只是把它變得簡單、安全與國際化。[9] Crocs 的創辦人們沒有發明帆船鞋，他們是把帆船鞋做得醜到爆又莫名其妙的大受歡迎。Crocs 的市值逾 6.2 億美元，[10] 創辦人們（穿著醜鞋）去銀行的路上都笑開懷呢。這些人發現了新的、更能獲利的方式來提供舊功能──這會產生財富、創造就業，幫助我們國家的經濟發展。真是太了不起了。

另一種創新方式是透過**專營通路**（proprietary distribution）提高效率與降低成本。這就是沃爾瑪百貨創辦人山姆‧沃爾頓的致富之道──以低價供應商品。他的遠見讓他三名還在世的子女，每一位都繼承了逾 350 億美元的遺產。[11]

你也可以試著反其道而行──故意把某種簡單事物變得真的、真的超貴。就像 POLO 創辦人暨執行長拉夫‧羅倫（Ralph Lauren，資產淨值 590 億美元）[12]，和他高價位、高獲

---

③ 嘉信理財集團（The Charles Schwab Corporation）創辦人。
④ 指金融交易的服務費打折，但通常就不提供全面的證券分析服務。

利的知名服飾系列。他還跨足戶外運動用品（他經常設計美國
奧運服裝，也曾為阿斯本滑雪公司〔Aspen Skiing Company〕
的滑雪巡邏隊提供全套服裝 [13]——你能把產品做得多高檔
呢？）、居家擺設、香氛，甚至油漆這麼簡單的東西。羅倫發
現了一個了不起的策略，能說服理性的人為最基本的、像男士
長褲這樣的單品支付高額溢價。去搞清楚吧！王薇薇（Vera
Wang）是另一位時尚創新者，她的財富建立在把傳統的白色
婚紗做到極致。有些婚紗要價逾 2 萬美元，顧客還是爭相購
買，獲利率不得了。這需要一個令人信服的創新品牌——但超
難做到！

▍賣掉公司，還是永續經營？

第三題——你對未來有什麼打算？這家公司你想要永續經
營、代代相傳？或是你想要打造、壯大、賣掉，然後離開？不
管哪一個都很好。你打造一間不想永遠經營下去的公司，這沒
什麼不對。有些人想要傳承下去，其他人只想要變現。通常創
辦人不會想要為了建立傳承而做些什麼。但有許多創辦人，有
能耐打造一門事業，並以 500 萬、2000 萬、甚至 5000 萬以上
的價格賣掉事業，然後就離開了。由你決定！

為了賣掉而創業

為變現而創業比較容易，沒有繼任的管理問題。你找到某個誘人的產品空白或改善方式，然後你用買家的思維去設想──「什麼會讓人想要買下我的事業？」答案是：獲利或是獲利潛力。還有，你的事業必須可以轉讓──這表示公司沒你在還是能活下去。為賣掉而創業或許能讓你變有錢，但通常不會讓你變成超級富豪──這樣也很好。還記得那些南塔克特飲料（Nantucket Nectars）的廣告嗎？「嗨，我是湯姆。我也是湯姆。我們是做果汁的。」這兩位湯姆是從 1989 年開始，在南塔克特島的小船上，販售自製果汁給遊客。2002 年，吉百利（Cadbury Schweppes）預見這個飲料品牌龐大的獲利潛能，透過他們既有的、早已非常龐大的配銷通路，銷售這個快速發展的品牌。他們花了 1 億美元買下所有權。[14] 兩位湯姆或許上不了《富比士》400 大富豪榜，但可能已經很滿意自己分到的份。

加州人回想一下 H·薩爾特餐館（H. Salt Fish & Chips）──一家在 1960 年代就規模龐大的英式炸魚薯條小酒館。H·薩爾特是人名──哈登·薩爾特（Haddon Salt.）。他和妻子從英國搬到加州，帶來了他們對油炸鱈魚的熱愛和做法。這間小規模的油炸公司，最後變成區域性大企業。薩爾特在 1969 年把餐館賣給肯德基時，已經開了 93 家分店，[15] 到今天只剩 17 家了。[16] 薩爾特在乎嗎？他早就拿到錢退休去了。

現在他把閒暇時間花在演奏你所聽過最美妙的電子小提琴上。
創業的執行長們通常創意與熱情交融（薩爾特演奏的小提琴出
自第 9 章的葛洛佛‧維克山之手，他現在經營澤塔音樂〔Zeta
Music〕）。

企業往往因為賣掉了，然後突然崩潰或消失。星巴克在
2012 年花了整整 1 億美元買下灣區連鎖麵包店 La Boulange[⑤]，
在 2015 年關了全部 23 個據點，但是星巴克的糕點陳列區保留
了該店美味的甜點。[17] 這無損創辦人的成就。如果買家搞砸
了，那是買家的錯，不是創辦人的。有時買家要買的，只是智
慧財產權。這依然是很好的承傳！如果你打造一門事業是為了
賣掉，賣掉後就不必苦惱（說到賣掉之後，許多創業、打造、
賣掉並退休的人，只發現一件事〔而且太遲了〕──只有工作
上的挑戰能讓他們繼續感到開心。問問《當個創世神》
〔Minecraft〕的創作者馬庫斯‧「峽谷」‧佩爾松
〔Markus "Notch" Persson〕，他以 25 億美元價格賣掉《當個
創世神》後，只得到這個體會：每天早上去工作，比在伊比薩
島跟社會名流一起踢球更充實[18]）。

永續經營

如果你會永遠操心事業的結局，想要永遠流傳下去，打造

---

⑤ 店名即法文的麵包店。

公司是為了永續經營，那麼你追求的是創業的極致成就。問題是，你可能無法活到看見這一天。陶氏化學（Dow Chemical）成為全美第三、第二，以及終於成為全美第一大化學公司的時候，賀伯特・亨利・陶（Herbert H. Dow）早已闔眼。但他的遺產讓他的家族後代、陶氏的員工及其家人生活富足。

在我小時候，父親極度崇拜陶氏，成長過程有聽不完的陶氏名言。對我來說，陶氏卓越非凡。早期陶氏製造無機化學製品，最初是漂白劑——有效地讓基本商品的基礎材料比其他業者便宜，壓低價格逐年搶占市占率。我年少時，陶氏依然活躍。那時陶氏在無機市場是第 1 名，全美化學製品第 5 名。如今，陶氏是全美第一，全球第二。如果你在墳墓裡可以覺得滿意，那陶氏一定也是。這是留給後人的贈禮！

儘管我的公司不經營大宗商品或製造業，我仍努力把從我爸那裡學來的陶氏知識用於打造公司。如果我寫一本單講如何打造一家歷久不衰的公司，陶氏的經營哲學與經驗教訓將會是全書核心。例如，陶氏強調要在產業景氣向下的時候大舉投資，因為他知道對手沒膽做這件事。好處是什麼？等到景氣往上的時候，陶氏就有新的、現代化、低成本、高效的產能，搶走那些魄力不如他們的業者的生意。

陶氏主義的另一則教條，是雇用剛畢業的年輕人，以打造一生的職涯路徑，帶領他們永遠成為陶氏文化的一部分。這麼做有何好處？這是你用其他方法所得不到的忠誠、獻身與企業文化。他的名言之一（我父親提過無數次）是：「絕對不要拔擢沒犯過嚴重錯誤的人；這樣你抬舉的，將會是不太能成事的人。」

在現今社會胡搞瞎搞（「理想」的董事會成員是由政府機構與法界人士指派）的年代之前，陶氏指派的董事會成員出自內部的卸任人員。已退休（再也無法炒他們魷魚）、有持股的高階主管，對公司有強烈的忠誠度，但不受執行長職權的管轄。他們知道屍體埋在哪裡、是誰埋的，所以哪裡在作怪，都能很快找出來。50 年前我還年輕的時候，基本的董事會結構大致上還完整無缺。這樣安排的好處是，未來的執行長，沒有一個能矇騙董事會的眼睛，內部問題無處遮掩。要是安隆（Enron[6]）這麼做就不會腐敗成這樣了。陶氏 80 年前就知道一個外人組成的董事會（如今對上市公司的常態要求）基本上沒有用。

如果我們的社會有陶氏的智慧，我們都會過得更好。如果可以，董事盡量不要用外部人員比較好。外部的董事會成員喜歡這個做法，但他們為公司增加的價值其實是零。需要的話你可以雇用或結交顧問——但不必把他們請進董事會。

企業文化還是邪教式崇拜？

---

[6] 因財報造假醜聞，於 2001 年破產的能源公司。

你身為創辦人，在打造永續經營的企業過程中，最重要的任務之一，就是創造歷久不衰的企業文化，好讓你就算離開公司很久，公司還能維持你的策略願景。要是失敗，你的繼任者也許會垮台，把公司賣給第一個能讓公司發展的買家，或是把你的公司經營得江河日下。

我的公司創辦在很少人料想得到的樹林裡──在舊金山半島的山頂上。我這輩子都住在森林裡，覺得這是有益健康與平靜的工作環境。多年前，當我們開始成長，規模變大、員工變多的時候，當地同業譏諷我們是「山上的邪教」（the cult on the hill）。我不知道自己是否成功，但如果可以是如此，在我過世很久以後，他們將稱我們為「有強健文化的公司」（cult-sure），因為當你想打造能永遠流傳的事業時，你必須培養一種非常「理所當然」（sure）的文化，沒有人、事件、經濟循環或社會趨勢能脫離它的指引。陶氏就是這麼做的。

▌自食其力，還是接受外來融資？

第四題：是否需要大量資本？換個方式來說：你會需要外部人士入股、以至你的股權遭到稀釋嗎？還是你大致上能自食其力，靠營利與銀行貸款即能支應業務成長的需要呢？

資本密集的行業，大多落在工業、製造、材料、礦業、製藥、技術與生物科技等類別。非資本密集的行業多半是提供服務——金融企業、第 7 章的資金經理人、顧問，也許還有軟體業。但即便是非資本密集的行業，剛創業時創業者可能也會想要砸大錢，優勢是你起步跨得越大步，成長就會越快速。自食其力需要耐心，這可能會是一場漫長的賽局，從小規模做起，把盈餘拿來再投資，自己投資自己——這也需要耐心。

「創業起大步」聽起來冠冕堂皇，但請注意：創投業者比你更懂得玩創業遊戲。他們為無數的新創事業提供資金。你這輩子可能只會創業一次或幾次。他們提供你資金並不是為了做善事，而是為了獲得公司所有權，以及超出他們應該分到的獲利。他們可以建立行動策略，讓你的公司在第 2 或第 3 輪募資時，拿到比你所想還要多的公司所有權。分析師們為優步估值，認為這家公司價值逾 620 億美元，被視為創辦人的特拉維斯・卡蘭尼克，股份卻只有 10%。[19]《富比士》說他的資產淨值 63 億美元。[20]這不是零頭小錢，但也不是整整 620 億美元。

自食其力可以隨心所欲地使用現金流，不必對外人的期望唯命是從。對於創投業者，能避開就避開吧（如果你決定走創投之路，我不必浪費時間告訴你怎麼走，已經有成堆的書可以參考了）。

█ 公司是否要上市？

最後一題，你創立的公司將來要上市嗎？一般人想到執行長，想到的通常是上市公司高層，像是比爾·蓋茲或是已逝的賈伯斯這類如雷貫耳的名字、名氣響亮的公司。但絕大多數的企業屬於非上市公司。在我看來這樣更好。這就跟在外部資金和自食其力之間抉擇一樣。一般而言，為了募資而上市的企業，是公開出售他們的靈魂。但就和拿到創投資金一樣，你得跟你以外的人爭論——現在搞不好是幾百萬人！除非你是祖克柏，他談成了一種特殊股票類別，讓他沒有拿到最多的股權，卻完全掌控臉書，不過他是這條規則的例外。

許多人把首次公開發行（IPO）想得太理想，以為上市之後財富會滾滾而來，但是只有比例極少的 IPO 如史詩般壯闊成功（例如 Google、微軟和甲骨文），其餘都失敗了。我在 1987 年出版的《華爾街之舞》（*The Wall Street Waltz*）裡詳談過，IPO 通常表示「該股或許定價過高」。大部分的 IPO 後來都令人期待落空。而身為一個創辦人兼執行長，對你而言，頭痛才正要開始。從你股票上市的那一天起，你就受陌生人與上市規定的轄制，直到永遠，阿門。你跟股東們、監管單位和法院分享公司的控制權——都是不時會變臉的情婦。現在他們甚至投票決定你該付多少錢！

如果是私人公司，情況會好一點。佛烈德·科赫（Fred Koch）在 1940 年創辦了科氏工業（Koch Industries）。規模龐大又成功得不得了，科氏可能是全球最大的私人企業，估計每年營收有 1,000 億美元之譜。[21] 除了聰明又商業嗅覺敏銳，科赫還討厭共產黨——這個特質令他更深得我心。公司成立之前，柯赫在蘇聯蓋煉油廠，他解雇了多數蘇聯工程師，以非共產黨人補缺。[22] 我真喜歡他這一點！

儘管這是個艱苦到不行的產業，要面對規模與影響力都很龐大的全球競爭者，還有無所不在的惱人政府，科氏還是蓬勃發展。他的兒子大衛跟查爾斯現在執掌科氏，資產淨值各有 420 億美元。[23] 他們光憑出身就很成功。意外的是，他們大概是你所遇過最好的人，而且他們不必上市。查爾斯·柯赫（Charles Koch）曾說柯氏要上市，「除非跨過我的屍體——就是字面上的意思」。[24] 但願他將繼承重大所有權的兒子蔡斯（Chase）也這麼想。

我的看法跟查爾斯相同。我在本地超市購物時，有時會遇到當地客戶。他們期待我花時間跟他們聊聊，認為我應該這麼做。而我也會如他們所願，他們想跟我聊多久都行，因為我跟他們之間是一種自願、平等的業務關係。他們不必聘請我理財，而我的公司也不是非接他們的生意不可，這是雙方共同的選擇。我們彼此商量，因此我願意為他們付出時間。

上市股東就不是這樣了。身為上市公司執行長，你無法控制誰擁有你的股票。任何人——來自竹槙鎮惹人厭的小蛇鯊，開了個線上證券戶，在冷凍食物櫃前對你糾纏不休（見第 6 章的劫掠者）——他們都成了你公司股票的擁有者。你不能跟他們對話，他們的利益通常會傷害你的長期願景，以及你公司的健康。他們可能只關心下周的股價。

有時候，要為公司未來著想，你必須做出一些代價高昂的決定，這可能會傷及此刻的收益和股價，如今的公眾往往短視近利。你沒辦法在超市裡跟任何人談你無法告訴所有人的事，否則你跟你的公司會惹上法律問題。所以在乳製品走道，你微笑、握手、閉上嘴、拚命跑，然後躲起來。

如果可以，最好還是不要讓公司上市，這樣你在超市只會遇見客戶和供應商。這並不表示我不喜歡上市股票。我喜歡，我的事業正是奠基在投資它們之上，我只是完全不想經營一家上市公司。你也不該想要經營。

▌眾人攻擊的目標

建造一個帝國並雇用其他人，是一件讓人滿足的事。但有得也有失──你的公司越大，就越多人攻擊你。要真正成功成大事業者，必須發展出防禦力，以及難以擊潰的自尊。

你從一開始就會遭受嘲笑與奚落，因為你的新產品是新穎或與眾不同的，不是既有的存在。大部分人無法想像你所做的事，而認為你有點瘋狂──直到你的公司獲得肯定，被視為成功。然後你會被讚揚是有遠見的人。幾乎每一個成功的創辦人都有過這樣的經歷。你後來越成功，剛創業時所受到的嘲笑就越多。賈伯斯稱他們為「瘋子」，是有理由的。

　　走在這條路上，你也會被視為瘋子。當我的公司開始對高淨值投資人進行郵遞行銷（direct-mail marketing，我比較喜歡稱為垃圾郵件），產業專家們都說我們瘋了。我們開始做線上直銷時也一樣——這不會成功，這行不通啦！沒有人會這樣回應廣告，變成客戶！然後是廣播、平面廣告和電視。我們推出線上雜誌 MarketMinder.com，不是拿來推銷我們的服務，單純是用來教育投資人、提升投資人的財商。這些全都有效，是我用來擴展業務的方式之一。但是多數的「知情人士」覺得我們蠢斃了。當我們開始在其他國家這麼做的時候，他們的權威人士說，「在美國或許可行，但是在這裡絕對行不通。」如今這做法在西歐國家全都行得通。只是舉個例。無論你做什麼事，就算真的有效，大家還是會覺得你瘋了，直到證明你成功了。

　　後來，成功吸引越來越兇惡的攻擊者，他們往往為了自身利益而不誠實。視你的業務性質而定，這可能會始於你公司有 100 至 600 名員工時，而此事的發生可能遠遠早於你成為超級富豪之前。你的回應必須強硬，接下攻擊者的戰帖，打擊他們，直到他們投降。我敢斷言保證，你的公司越大，做得越成功，你越會被心胸狹隘、刻薄的寄生蟲攻擊。有些是想要錢（不然呢？反正他們自己賺不了）；有些則因為覺得受到冒犯或怠慢，無論是真實的或想像的，原因可能出於個人的或社會的。另外有些攻擊，則是為了搶走你的客戶。

　　這不是可口可樂與百事可樂之間的對抗，也不是那種蘋果逗趣的廣告，Mac 化身為青春洋溢、活力四射的孩子對上戴眼鏡的大胖子形象的 PC。這是正常的商業競爭，而我指的是惡意重傷、搞兩面派的謊言，目標是搶走你的顧客，阻止你得到更多的情形。這絕對不是正常的那種競爭！他們規模小又心胸狹隘，而且只需說服很好騙、看不出自己被愚弄的少數人。你必須處理，不然你會輸。而真正的創業執行長不會輸。

駭客、流氓和虧空公款的人

我的公司和所有企業一樣，都得經歷過暗箭中傷的挫折，從每一個令人厭惡的角度——我曾親眼目睹，包括小型競爭對手，大公司裡惡棍經營者，想要侵占公款的人、證券犯罪，甚至俄羅斯黑手黨——全都很標準、都是想拿到我客戶的錢。還有離職員工！他們全都找上媒體，試圖製造一些打擊你公司聲譽的報導，冀望能把你樹上的果實搖一些下來。然後，一樣地，現在每家大企業，一天要被電腦駭客攻擊數十至上百次，他們試圖攻破公司內部防火牆，想拿走客戶個資，意圖偷走帳戶或身分，或是想偷走公司的錢。這些都不是好人。你身為創業執行長，一定得比他們更難纏。

員工和顧客提出集體訴訟是標配。任何公司，只要夠大（薪資總額逾 3,000 萬美元）就會開始得到這些。這些律師多半只是海盜——勒索大師——想要拿錢走人（見第 6 章）。律師是最大的受益人，不是員工或顧客。他們從不接受以下事實：你的員工為你工作是在考慮其他較差選擇後的自主決定，他們大可不來你的公司上班；你的顧客也大可不必購買你的產品，如果他們買了你的產品，那是因為這是他們在市場上找不到更好的選項。寄生蟲始終都自居為正義的一方。創業執行長必須堅強，一方面專注於顧客、員工與產品優勢，同時物色一些好的殺蟲劑。對此，我推薦雇用律師，為你做法律辯護的工作。他們比非海盜的人，更清楚海盜交易的把戲。我會雇用身邊最好的海盜，讓他們好好幫你，不停地幫他們買酒。是的，夥伴！（Arrr, matey![7]）

保持「做就對了」的精神

Nike 的菲爾·奈特就是絕佳範例。起初，沒人相信他做得到。他打造出一家龐大、成功的跨國企業，提供卓越、尖端的產品，在全球創造出數千個工作機會。

對美國來說，1960 年代的日本就像現在的中國——能買到便宜的好貨（然後，我們抱怨外包給日本，就像現在抱怨中國一樣）。當時美國的跑步鞋又重又不舒服。德國人有輕盈、舒適的鞋款，但是很貴，一雙約 30 美元（加上通膨的話，相當於今天的 242 美元左右）。[25]

奈特身為一個熱衷日本文化的平凡田徑跑者，寫了篇商學

---

⑦ 原文為海盜用語。

院報告，標題是：「日本運動鞋能不能做出德國運動鞋的水準，一如日本相機對德國相機的影響？」換句話說，日本能不能製造出更優質、也更便宜的產品呢？[26]

奈特簽了合約，從日本進口德國好鞋的仿冒品，擺在他破車的後車廂販售。[27] 這家勇敢的小公司（小起步，大夢想——並拓展規模）成了 Nike。沒有人認為他的便宜鞋有多好穿，除了顧客，而顧客才是最重要的。如果這個行業有人已經搞清楚怎麼回事，早就這麼做了。但因為他們不明白，所以看不懂為什麼這對 Nike 行得通。

早期 Nike 鎖定認真的運動員，但我們很少有人是認真的運動員。我們只是有腳。好幾百萬雙周末才運動的腳！更多的是好幾百萬的沙發衝浪客——全都是可能穿上 Nike 的腳。要怎樣才能讓他們想要擁有 Nike 呢？奈特說服一位有天賦的年輕人同意穿上 Nike，他的名字是麥可·喬登（Michael Jordan）。突然間，每個人都想要「像喬登一樣」。當時名人代言的行銷方式——找一個知名運動員，讓他成為品牌的代言人，還沒真正的大規模流行起來。從此 Nike 就變成建立品牌的機器。穿著勾勾鞋運動突然變酷了。

但，自然地，攻擊隨著成功而來。為了壓低 Nike 鞋款價格，奈特利用新興市場的工廠。但此舉卻成為知名反資本主義者麥可・摩爾（Michael Moore[8]）的攻擊箭靶。在他的著作《把它變小！》（*Downsize This!*）裡，摩爾抱怨 Nike 海外工廠的工作環境惡劣。記者們一湧而上，呼籲抵制 Nike，理由是它外包，工廠工人又受到虐待。攻擊奈特的人想要聳動的報導——此外，他們也有要推動的社會議程。

他們有他們的觀點，奈特有奈特的。奈特的看法是：雖然海外工廠的工作環境達不到美國中產階級的標準，但是這些工人可以不接受這些工作條件，他們接受是出於自由意志。而且，普遍來說，Nike 的工人待遇遠高於他們的競爭對手[28]，福利也比較好——工廠就有診所，以及員工子女學費津貼等。他們接受這些工作條件，是因為相較之下待遇比較優渥。當然，這些話並沒有讓攻擊者就此住手。攻擊來自四面八方，包括他的母校。奈特依然堅持他是對的——要提供高品質、低價格的鞋，海外工廠是必要條件。

以下是我的看法：奈特可能因為厭倦——受夠了一再被攻擊，而賣掉公司。簽下喬登後，他本來也能專注於單單經營運動鞋，做一個吸引人的被收購目標。要是賣掉，他固然上不了《富比士》400 大富豪榜，但也夠有錢了，而且不會再有任何惱人的攻擊。他也從此不必回應股東，可以安心出門逛街購

---

[8] 他是 2009 年金融海嘯時抨擊華爾街的紀錄片《資本愛情故事》（*Capitalism: A Love Seory*）的導演。

物。但是他沒有屈服——恭喜 Nike 的員工、股東，和喜歡購買價格具競爭力的運動鞋的任何人。他挺住了，並繼續壯大公司，增加運動鞋以外的產品，最終戰勝了攻擊他的人。奈特將 Nike 打造成能一直保持良好狀態的企業。很少人具備他的恆毅力和百折不撓的特質。你有嗎？

▌創業者要懂得割捨 —— 做就對了

看來你想成為創業者，那就必須勇往直前了。創業者必須先有所捨棄。如果你有工作，辭了它。想辦法養活自己，然後就去做吧。如果你在念大學，去休學。如果你是美國總統，辭職去做點對自己有用的事，把前門鑰匙交給你挑選的笨蛋副總統。做就對了。去辭職。創業者必須先辭職才創業。

辭職就會平靜，除了配偶跟小孩，沒人會打擾你。找個安靜的地方工作。如果你住在公寓套房，用毯子隔出一個角落，請你的配偶不要靠近。找到空間——在哪裡並不重要。剛開始最常陪伴你工作的，將會是你的公事包跟筆電。

對於如何成為一個創業者，我只提供幾個建議，因為講企業家精神的書已經很多了。我的第一個建議是，如果你還沒讀，去讀個幾本創業相關的書籍。以下是幾本好書：

▶ 《創新與創業精神》（*Innovation and Entrepreneurship*），
彼得・杜拉克（Peter Drucker）著。對於每一個創業的
人，需要知道要做些什麼才能成功，是很棒的概述。

▶ 《寫給傻瓜的創業書》（*Entrepreneurship for Dummies*，
暫譯），凱瑟琳・艾倫（Kathleen Allen）著。對於你的
創業，在實戰上必須知道的每一件事，介紹得很好，
尤其是你何時何地會需要一名律師。

▶ 《恆久卓越的修煉》（*Beyond Entrepreneurship*），吉姆・
柯林斯（James C. Collins）與比爾・雷吉爾（Bill Lazier）
合著。這本書內容涵蓋如何讓你相對較新的事業更上
層樓，並朝著打造卓越企業的目標邁進。

　　帶著你的書，去你用毯子隔起來的僻靜空間。我假設——
如果你不是被困在亞馬遜上游流域，正在逃亡的人類——你已
經帶著書進去了，而且手頭還寬裕到能帶上一台筆電。買一個
四四方方、實用、不花俏的公事包。現在，先在你的僻靜空間
待一會兒。注意到有多麼安靜嗎？那是因為這裡面什麼事都沒
發生。所以，把筆電放進公事包，還有上述的其中一本書。然
後離開你的僻靜空間，去吧。

　　吉恩・華生（Gene Watson）創辦了很多家雷射公司，包
括 1960 年代產業的先鋒同步輻射（Coherent Radiation）和光
譜物理（Spectra-Physics）。1970 年代我們一起做雷射生意時，

他一再地對我灌輸:「難題在這裡,但商機在外面。」走出你的僻靜空間,去任何你覺得有商機的地方。如果你不知道要去哪裡,就隨便找一座公園待著。拿出筆電,想出 20 名可能的顧客。將他們依照重要性排列順序。如果你擬不出 20 個可能的顧客名單,那肯定哪裡有問題,你得回頭把這一章重讀一遍——或是換條路徑走。

現在,找出 20 人名單裡最後 3 名 —— 不是排名最高的——去跟他們談談你的點子。講完後,跟他們要錢,用來交換他們使用你的點子的未來利益。他們為什麼肯見你呢?因為你是你,是一家新企業的創辦人兼執行長,不管他們是誰,你的新奇點子可能會幫上他們,因為這些點子將改變他們的世界。

別先去見最有望成為主顧的人。你還沒準備就緒——你的策略梳理得還不夠順暢。更好的做法是想出第 21 到第 40 位潛在主顧,先去見他們,而不是一開始就搞砸了你最重要的潛在主顧。但就去吧,去談談、問問題、傾聽,然後執行。隨著你持續約訪,你的初始商業計畫接下來幾步該怎麼做將會浮現。暫時別在你所在的州申請商業登記證,先不必雇用律師,不要正式成立公司,別租辦公室,或是去借錢。還不到時候,最重要的是先勾起顧客的興趣。

我為什麼要你把書放進公事包?因為你跟客戶約見面,不可能填滿你所有行程,所以空檔要拿來約更多客戶,還有閱讀這本書。讀這本書能讓你對正在做的事──創辦一家公司反覆思考。約訪將告訴你下一步該做什麼。如果你能說服一位顧客答應用錢來交換你的點子所帶來的未來利益，你就能為下一步做打算。

放手分派工作

　　現在是時候再次提醒，一旦你成為一個創業者，你必須從此學會放手。由於你的創業概念新穎又實用，你會發現潛在客戶對你想賣的商品非常有興趣。所以別再自己打給潛在主顧跟他們的代表人了，雇用一個業務去找你的潛在主顧，這是非常合理的事。首先，你需要有銷售人員為你產生銷售額；其次，你付給銷售業務的是佣金，也就是說不必先付錢（你也沒有這筆錢）。第三，如果由他或她來銷售，你就能專注在其他事情上（這些事你都想辭掉，除了做執行長──直到你準備好連這個都辭了，成為榮譽退職的執行長）。

　　許多業務希望有底薪。別想了，你不必請這種推銷員。你想要的是一個理解你的熱忱、願景，希望能有優先機會做大事的人，這樣的話有一天，他或她將成為一間大企業的全國銷售經理。找一個對的業務人選，跟你一樣具備企業家精神，只是程度略遜於你。他或她會是一位好副手（見第 3 章），希望能跟你一起發財。

　　記住，「難題在這裡，但商機在外面」。現在你有了一個業務代表,你可以回去你的僻靜空間然後發現……還是沒發生太多改變。所以連這個都放手吧,雇用某個人坐在你的僻靜空間,以防這裡有事發生時有人能照料。你期待有一天,許多人包括你自己,會把這個僻靜的空間稱為「總部」,到時這裡將不再僻靜。在這裡雇一個人,這裡不該由你坐鎮。你要待在外面,在商機所在之處。持續跟潛在主顧與顧客見面,這會讓你靠近你的市場。

　　一直放手分工給別人不是件易事。你的公司是你的寶貝、你的熱情,你的淨值,你畢生的成果。你會想要掌控,特別是當公司成長,越來越多你所雇用的人,覺得為你工作只是「人在其位,不得不做事」,無法真正理解為什麼你把事業看得跟生命一樣重要。

　　不是你所有員工都會像你一樣,對公司放這麼多感情。這沒什麼,接受吧!但會有少數幾個感覺投入的感情和你一樣多。你會想要找出他們,培植他們、留著他們——他們就是當你退出某個角色時,會想雇用他們來填補空缺的人選。

　　我很有福氣,公司裡有好幾個這樣的人選,從創業以來,他們讓我放心地交棒。這些勤奮、忠心、值得信任的先生女士們,是我的三星將帥。你培養出越多忠誠的將帥,就能從越多的角色中退場,而你也會因此變得更成功、更快樂。我剛辭掉執行長,覺得無法再有比這更令人興奮的事了。有人代替我去搞定經營事業的難題,我就能去做我始終都最喜愛的事——審視資產組合和證券的交易策略，跟客戶互動，以及寫作。我永遠也不會放棄寫作。

要充分享受做一個創辦人的樂趣，你必須放掉任何讓你覺得無聊的業務。只要有人能做得比你更好，你就放手。專注於你喜歡的環節，你會更快樂，你的員工也會更快樂，而更快樂的員工將更能好好服務客戶。於是每個人都獲勝。

到公園裡走走

你要做的事還有很多呢。回到公園長椅，拿出你的筆電。列出一張清單，上頭是一旦你的總部不再靜僻，你將需要做到的所有業務內容。如果你公事包裡有《寫給傻瓜的創業書》這類的書，它將協助你列好這份清單。想想有沒有一個人，能處理也許清單一半的職務，即便做得不盡如人意——雇用這個人，給他營運副總裁之類的頭銜。如果這個人具備能定期激發你新奇點子（不管是什麼）的技能，就更理想了。此人的職責是收下你的業務代表拿到的訂單，把訂單變成噪音，這樣你的僻靜空間才不會一直安靜。

當你早晨起床時，應該詢問自己：「總部員工各司其職，那麼我該離開總部去做些什麼好呢？」然後詢問你的業務代表跟營運副總：「我今天能為你做些什麼呢？」接著打電話給 15 位潛在客戶，問他們：「我今天能做些什麼幫助你呢？」這一切就是這麼簡單，簡單到沒道理寫進一本書中。

　　將來有一天，你起床後，做完上一段所說的每一件事後，你告訴業務代表：「我們該再多雇用一名業務代表了——一個你能訓練與管理的，這樣我們就能給營運副總製造更多噪音了。」那就去做吧。當然，這一天你也打電話給 15 位潛在客戶，一如繼往，做就對了。

　　也許你是個能快速放手讓員工做事的人。如果你是，就雇人做你在公園長椅上的所列清單上，所有其他職務。行銷、售後服務、產品研發、人員招募——什麼都行——你清單上的所有職務。然後每天早上問這些人：「我今天能為你做些什麼呢？」如果他們真的要你幫忙，好吧，那就去做吧，但是隔天你就要放手不要再做了，雇用一個人來做這件事。

　　這就是創業家會做的事，這不是一門難以理解的學問。如果你做了我所說的這些事，你就是個創業執行長——只是公司規模還小罷了。如果你想成為一間規模更大的企業執行長，去看第 2 章：做執行長的致富路徑。這要靠把一家公司打造得比原先規模更大——因為身為創辦人，這裡是路徑的終點。所以，放下這一章，翻到下一章吧。

創業指南

創業是美國夢。大部分新創企業 4 年內就會倒閉。你要怎麼成功呢？跟著以下指南走：

1. **挑選適合的路徑**。你能改變這世界的哪一個部分？選擇一個將會變得更重要的領域，或者你可以設法把某個領域變得重要。

2. **小起步，大夢想**。別想著要成為 Nike。找出一個需要改變或改善的領域，不管多小都行。但是要把可擴展性放在心上。

3. **創新或改善**。創造全新的產品或改良既有的，或是兩者都做。新奇令人驚訝與好奇，但如果只是把舊有的產品變得更好、更快、更廉價，獲利更高的版本，那也很好。

4. **創業後賣掉公司或永續經營**。這是兩種截然不同的心態，會產生兩種做法，所以可以的話越早決定越好。每一個選項都有各自的考量。你可以打造一個帝國然後決定賣掉。但是打造一間歷久不衰的企業，意味著要像業主一樣思考；如果是要賣掉，則要像買家一樣思考。

5. **自食其力或尋找資金**。如果你的事業屬於資本密集型，你會需要外部資金，但如果不是，你就有得選。創投資金是「為了賣掉而打造企業」，因為你的投資人喜歡流動性。如果你想打造永續經營的企業，並擁有更多決策自由的話，自食其力會更好。但是你要選哪一個都可以。

6. **上市或維持私人企業**。公司上市可以帶來聲望，但是也必須付出代價。請努力維持私人企業。此外，維持私人企業能擁有更多的自由、掌控，以及有時間悠哉逛超市的熟食區。

7. **忽視老是唱反調的人**。你的公司越大，就越會受攻擊，所以要把自己訓練得堅韌不屈。

8. **要能夠放手讓員工做事**。創業者都是能放手分工者，所以就把工作分給員工吧。找個僻靜空間，注意這裡沒什麼大事發生，然後就把工作交給別人。一直放手分工直到你僻靜的「總部」熱鬧起來。找出不可或缺的職務，然後分工下去。

9. **但是對客戶永不放棄**。和你的潛在主顧與客戶同在，即使你已經有了傑出的業務代表也一樣。你絕對不能放棄你的客戶和潛在客戶，否則你的事業將很快消失。

CHAPTER
02

抱歉，那是我的王座

承擔責任與經營管理對你來說輕而易舉，但你卻不是具有
遠見的創辦人？也許坐進角落辦公室就是你的未來。

有一些最優秀的企業執行長，並非公司的創辦人，就像奇
異公司（GE）的傑克・威爾許（Jack Welch）。非創業
的執行長（Nonfounder CEOs）能把公司帶往意想不到的高
度。有時候，企業再造比從零開始打造來得容易，所以創業執
行長（founder-CEOs）通常在超級富豪裡排名較高，但是無論
創業與否，單單成為一名執行長，薪資報酬就已十分豐厚。這
確實也是一條致富路徑，就算你並不嚮往億萬富豪的地位。美
國大型企業執行長中，足足有一半年收入超過 1,080 萬美元。[1]

先警告你：當你戴上王冠，就必承受其重量。企業的成功
很少完全、直接歸功於執行長的貢獻，俗話說，「成功有 1,000

位父親，但失敗卻只是個私生子」。執行長永遠是那名沒人要認的私生子，一直都是。所以一次重大挫敗就能毀掉你的前途。執行長們必須強悍，現在更勝以往。失敗的執行長丟掉的不只是飯碗，他們經常被媒體誹謗，甚至指控！而且執行長們經常因為薪資豐厚而被妖魔化，但他們的高薪精確來說是因為他們所面對的職涯風險。

在這條路上，你需要領導力和執行力，才能崛起、受到祝福並保住王位。這個世界熱愛成功的執行長，他們是英雄！但是英雄（hero）跟零（zero）和怪人（weirdo）之間的差別往往並不多，我們隨後就會看見。

▌白髮與代價

要從哪說起呢？和第 1 章一樣，從你的熱情所在開始吧。大部分執行長，除了極少數的創辦人，大多不年輕了。這需要時間，所以你最好享受這趟旅程。在你熱愛的領域裡，為一家你喜愛的企業工作非常重要，而且這家公司越賺錢越好（見第 7 章的練習），但是如果要忍受夠長的時間才能成為執行長的話，能否保有工作熱情比賺錢重要。

儘管成為執行長是有捷徑的（稍後詳述），但你通常得長時間苦幹實幹，並付出代價。不過這裡有個好消息：如果你成功了，在王位上可以穩坐良久——就像漢克·格林伯格（Hank

Greenberg）一樣。[2]1968 年，美國國際集團（AIG）前執行長暨創辦人柯泥流斯‧范德‧史塔爾（Cornelius Vander Starr）任命他為執行長——他直到 2005 年才卸任。本書的第 1 版出版時，格林伯格資產淨值 28 億美元，但是金融危機時該集團崩潰，他因為從未分散投資，賠掉了 90%[3]（平心而論，他的股票有很大一部分可能受到交易限制）。Google 前執行長艾力克‧施密特（Eric Schmidt，資產淨值 113 億美元）在位 10 年後才升任執行董事長。[4] 微軟前執行長史蒂夫‧鮑默（Steve Ballmer，資產淨值 275 億美元）[5] 則是比爾‧蓋茲的長期副手，在 2000 年獲得加冕。先當上副手，進而成為執行長，鮑莫兩條路都走得很好。非創業型的執行長經常是創業者副手的變體，從搭順風車轉換到炙手可熱的王位。做法請參見第 3 章探討如何搭上對的車。

但如果你表現得不好，即便你已經付出代價，也會很快被踢走。想想史丹利‧歐尼爾（Stanley O'Neal）的例子，他在 1986 年進入美林證券（Merrill Lynch）。長期以來，他都被視為大衛‧柯曼斯基（David Komansky）的繼承人。他在 2001 年成為總裁，2003 年成為執行長，但是 2007 年馬上被踢出去了！[6] 儘管如此，據我估算包含資遣費在內，他短命的執行長任期內，一共拿到了 3.07 億美元的薪酬，[7] 比預料中的更好。或者想想梅麗莎‧梅爾（Marissa Mayer），為了讓雅虎東山再起，她在 2012 年被延攬。但她沒有喚醒雅虎，而是在媒體對她 4

年的嚴密監督後，將雅虎的事業出售。大部分人見到的是威訊（Verizon）2017 年完成收購後，她就離開了。如果是這樣，那麼她也帶走近 6,000 萬美元的資遣費，總薪酬將近 2.2 億美元。[8]

▌執行長之路（以我父親的視角說明）

執行長最重要的特質是具備領導能力。如果你無法領導，你就做不了執行長。雖然有些人是天生的領導者，但這不是你必須與生俱來的特質。你可以培養。但它是不可或缺的。**你不需要領袖魅力，但你必須能夠領導。**

領導能力該如何培養呢？嗯，我很確定我不是天生的領導者（半點天賦都沒有），所以讓我帶著你走一趟我的個人演進之路，讓你看看我做了些什麼，因為你或許也可能走上類似的路徑。對我來說，一切始於我的父親：菲利普・費雪（Philip Fisher）。他聰穎過人，但罹患一種當時無法診斷、現在大家都知道的疾病：亞斯伯格症候群（Asperger's Syndrome）——一種類似自閉症的問題，經常被稱為「怪咖症候群」（Geek's Syndrome），因為罹患此病的人，常常看起來「很奇怪」。他們智商超高，數學、語言和寫作能力卓越，但社交技巧貧乏。他們經常身體抽搐、用腳踩地板、手不受控地一直敲打。他們揣摩其他人感受的能力幾乎為零。這正是罹患亞斯伯格症候群的特徵。我父親是典型的亞斯人。他可以說出極度苛薄的話，但這並不是因為他生性殘酷，他只是不知道這會令你或其他人有什麼反應或感想──就像活在一塊情緒反應完全空白的區域。

和大部分患者一樣，我父親花很多時間獨自思考。他是一位偉大的思想家──只是沒有多少情緒感受。他喜歡獨坐思索連續好幾個小時！但是他很願意花時間在我身上。他可能是全世界最棒的床邊故事講者。每晚他都說著最不可思議的故事，直到我睡著。他用栩栩如生的主角──超級英雄、傑出的領袖，編造戰鬥故事。當時我不知道這些故事對我有什麼用，以及為什麼他要跟我說這些故事。

他的工作是協助他人理財（見第 7 章[1]）。他一個人做！他是成功的企業經理人分析師，尤其擅長分析執行長。他分析他們的行為。他對他們的感受知之甚少。我還記得年輕時看他跟高階主管們互動，當對話轉向情緒時，我父親就會把話題拉回到行為上。對於工作職責來說，他是對的，我們的社會這 40 年來，太過重視情緒了──太容易感傷不是好事！伯恩心理學（Bernesian psychology）教會了我，為什麼要讓情緒追隨行動，而不是反過來。試著調整你的情緒，否則無論你做什麼，都將一事無成。做正確的事，你會覺得感覺很好；做錯誤

_____

[1] 指透過打理別人的錢來賺錢。

的事，你會感覺很差。你的行動決定了你的感覺走向。早期的激勵大師像是戴爾・卡內基（Dale Carnegie）和拿破崙・希爾（Napoleon Hill）都深諳此道，佛洛伊德派的精神分析師則否。

不再是不重要的「小不點」

　　小時候我也不懂。我是家中三個小孩的老么，家裡都叫我波可（Poco），是西班牙語「小不點」的意思，我小時候以為是「不重要」的意思。我兩位哥哥都更高大、年長、聰明。我是愛打瞌睡的學童——成績差、懶惰、不交作業、做白日夢——經常一事無成。我大哥相反：他大我 6 歲，成績好、明星運動員、一直都是老師的寵兒、受歡迎、帥氣、口才又好。在成為畢業致詞學生代表、拿到洛克斐勒獎學金去念史丹佛大學之前，他是小學、中學和高中學生會會長，而我是波可！

　　升上六年級時，不知怎麼回事，我突然不再缺交作業，開始用功讀書，成績變好，還參加童軍團。我大量閱讀，然而對一個亞斯伯格症患者的兒子來說，用功跟拿到好成績不是很困難的事。你只是想通了需要做什麼然後去做。

　　自從我大哥成為學生會會長，我決定我也要這麼做——當弟弟的對於模仿是很拿手的。但是要贏的話，我得跟真的超受歡迎的孩子羅伯特・韋斯特法爾（Robert Westphal）競爭。沒人願意這麼做，只有我這個傻子。

　　學生會會長是由 4、5、6 年級投票選出。我知道我在 6 年

級裡一定選不好，沒有勝算——他們都認識我們兩個。但我認
為 6 年級生往往瞧不起低年級，而 4、5 年級生搞不清楚兩位
候選人誰是誰。所以我把時間花在拉低年級的票，韋斯特法爾
則花在拉 6 年級生，以為低年級生會看著 6 年級的風向走。結
果我 6 年級的選票輸很慘，但是我選上學生會會長了。

這讓我開始明白：時間花在哪裡，成果就在哪裡。我把時
間花在學弟妹身上，所以我贏得了他們的選票。效果是如此之
好，以致 7 和 8 年級我一再獲選，都是透過吸引那些不清楚有
哪些候選人的人。於是我擁有這些領導位置，我理應做一個領
導者，但我沒有。我跟所有政治人物沒有兩樣，並不在意 4、
5 年級的選民；我只在乎要怎麼選贏。領導者在乎他們帶領的
人，即便他們只有 5 年級。我知道在政治上我該做什麼，但我
對怎麼當一個領導者毫無頭緒，直到我認識了凱撒大帝。

凱撒的榜樣——從前線領導

在加州的公立高中，我需要為了上大學修一門外文課，我
選擇了拉丁文。我的拉丁文老師霍華·列迪（Howard Leddy）
要班上同學朗讀課文。每天都會有人問他課文的由來，他就會
展開說故事模式——特別是凱撒大帝。比起讀拉丁文，我們更
喜歡聽凱撒的故事，所以總是盡我們所能地拐他講給我們聽。

促使凱撒成功的，是他在前線帶領軍隊，相形之下羅馬軍
官卻在軍隊後方行軍。

　　你無法在後方領導，凱撒知道這一點。羅馬的行軍模式，是假設萬一將領被殺，軍隊會變得脆弱，所以將領留在後方——無論輸贏，西洋棋就是這個模式：保護國王。問題是：前線士兵在進攻時也是脆弱的——錯誤的行動可能導致軍隊跟敵軍交戰時被大批屠戮、後撤，而「領導者」人身依然安全無恙。士兵們也都知道這一點。當凱撒在前線領兵作戰，士兵們知道凱撒不會要他們甘冒自己都不想冒的險，所以他們會更有信心、更賣力作戰，而且沒有打輸過。拉丁文課讓我深受凱撒影響。

為期 10 年的摸索

　　在迷惘的過程中我完成了大學學業，我對未來還沒有具體的方向。除了我那獨自開業的父親，我在現實中沒有任何商業領袖的榜樣。凱撒領導軍人，但我還能領導誰呢？所以我為父親工作。沒有更好的主意了，要是此路不通，總還有研究所可以讀。一年後，我不想繼續做了。我父親無法辨識我的情緒，這樣下去，不是我殺了他就是他殺了我。所以我辭職，並創辦了自己的公司。我不知道自己還太年輕，但也因此就開始了。這就是當時的我，獨自一人開業，如同獨自開業的亞斯伯格症父親，我花了很多時間獨自沉思。

　　那時幫他人理財的世界（第 7 章）跟現在大不相同，還沒那麼專業。券商的固定佣金制也還未解除（1975 年 5 月 1 日廢止），而經紀商也主宰著資產管理。當時財務規畫師已經出現，但完全不是今天的樣貌。他們是《1986 年稅改法案》（*1986 Tax Reform Act*[2]）生效前的避稅業務員。獨立註冊的投資顧問（我的工作）雖然存在，但很少，而且就收費跟活動而言，最好能做出什麼鬼成績。我基本上摸索了 10 年，得到與失去非常少量的客戶，同時靠某些瘋狂的事情賺錢。

例如我會收費替人到圖書館找資料——就像學生時期做功課一樣。在網路尚未出現之前，資訊不容易取得因此會有人願意付錢請人到圖書館找資料。我因為提供股票、產業以及各種寰宇蒐奇的資訊而有進帳。例如，我研究非處方藥品的副作用，以及哪些藥廠會受到影響。我因為特定的股市點子獲得報酬。我的顧客為了投資建議付我錢，我認為他們以為這些建議是偷偷得到我父親的看法。我為大眾建立投資組合與財務規畫，也協助許多微小企業找到買家。

我還在工地兼差維持生計。有一年，我每周三晚上在灣區酒吧彈吉他打工，只要是能賺錢！而且我沒雇用員工——從沒想過！我曾經雇用一名兼職祕書，很短暫，大約 9 個月後她辭職了，說我是個討人厭、傲慢的老闆。也許我曾經是吧。況且，誰會為我工作呢？我不是領導者。

但是我大量閱讀跟管理、商業有關的書——還有多年來每

---

[2] 該法案降低最高稅率，從 50%調降到 28%。

月看大約 30 種產業雜誌，像是《化學周刊》（*Chemical Week*）和《美國玻璃》（*American Glass*）。我研究企業。在不同時期，我研究了鋼鐵、玻璃、玻璃纖維、化肥、鞋業、農具、起重機、採礦、工具機、露天採礦、各種化學品和電子產品。在這 10 年，我做了我對股價營收比（price-to-sales ratios）的原創研究，這讓我的職涯開始猛力展開。我還在摸索，但學到很多。

大約 1976 年時，我開始做一些套裝創投交易（packaging venture capital deals）。當時真正的創投公司很少，全美可能只有 30 家。我偶爾會遇見有新點子、但無法為點子募資的創業家。我協助他們，當時我不曉得如果他們無法自己募資，可能是市場對點子的反應很差。儘管如此，我還是幫忙整理出募股計畫書，努力向當時的創投公司和灣區富人籌措股本。

我對促成 4 筆交易超級賣力：一家雷射製造商、一間餐廳、機場豪華轎車服務商，以及一家電子材料製造商。成交後我收到現金或股份。好險，那家餐廳從未募資成功，我很確定它會失敗。雷射公司各方面來看都很優秀，並激勵我再加把勁。豪華轎車公司有籌到錢，但幾乎是馬上就倒了。但最重要的，是讓我朝著領導力邁進的電子材料製造商。

有所進展

這家公司叫做材料進步股份有限公司（Material Progress Corporation，MPC），其資金主要來自東岸的創投業者和灣區富人。該公司有尖端科學家，以及即將擴大生產用於電子產品的外國石榴石晶體。該公司在水晶體的成長與拋光方面有專利技術，也拿到資金了，但進展卻不順利。

最後，董事會要求換掉執行長。他們依然喜愛這個概念跟技術，所以四處物色頂尖的執行長，並為了擴張投入更多資金。同時，該公司無人掌舵，資金不斷流失。為了阻止公司在新執行長就任前繼續失血，董事會請我兼任過渡時期的執行長。我的任務很簡單，我要盡量削減成本以減少損失，但不能失去任何關鍵科學人員跟操作員。那時是 1982 年，到處都苦哈哈的。世界正在蕭條。我需要收入。

周一我在自己的辦公室裡工作。周二凌晨 3 點我會開 2 小時車到聖羅莎，材料進步股份有限公司的所在地。我會待到周四傍晚，開車回家，然後周五又在我的辦公室工作。我的收入和顧問費一樣，是按天數領取的。一座工廠約有 30 名員工。我以前一個人都沒管過，現在我必須管理。而我做得還行——大大超乎我的預期。你知道我學到什麼嗎？

我學到領導力最重要的環節，是露臉讓下屬見到你。我所讀過的書裡都沒寫到這個。事實證明，工作熱誠是會傳染的。我把執行長辦公室搬到一間開放的玻璃會議室，每個人都看得到這間辦公室，也看得到我。你進出都會看見我，我也會看見你。我覺得我必須每天最早到、最晚走。我每天帶員工去吃午餐跟晚餐——雖然只是吃些便宜的東西——但我付出時間跟關心。我不斷走來走去，跟他們聊個不停，注視每一個人，專心聽他們的想法。我定期把他們聚在一起表揚他們。效果令我驚豔，也令他們驚豔！我在乎讓他們也在乎。這是管理與領導力基本的老生常談——就來自凱撒大帝。突然間，我覺得這就是在前線領導的滋味。他們工作更賣力、更敏捷、更創新，而且非常在乎，之前可不是這樣子的。我就這樣做了 9 個月。我們成本降低了、銷售增加了——讓現金流變成正數，損益表上收支平衡。我們甚至為下一位接手的執行長開發出新產品。我感覺被需要，當董事會找到新執行長時我也覺得感傷。但我的時間到了。

同時，一位想過「正常生活」（normal life[3]）的客戶雇用我進行一個顧問專案。我向公司告假一周時間，為他創辦的共同基金，拜訪重要的投資名人。他很年輕，而我權充他的創業夥伴，協助他想通當下應該做什麼。

我們拜訪了傳奇人物約翰・坦伯頓（John Templeton）和投資研究公司價值線（Value Line）的創辦人兼執行長阿諾・伯恩哈德（Arnold Bernhard），他在當時也赫赫有名。還有約翰・崔恩（John Train），當時他是《富比士》的專欄作家，經營一家基金管理公司，而且才剛出了一本暢銷書，叫作《股市

---

[3] 這是一部 1996 年美國犯罪電影的名稱，作者可能是開玩笑，暗指客戶是銀行強盜。

大亨》（*The Money Masters*），書中有一篇內容寫到我父親。我們又繼續拜訪了許多人，這些人大多沒我了解如何經營真正的事業，但他們已實在地聘用員工，做起生意。他們不知道我剛在材料進步股份有限公司。學到領導力的基本原則，雖然是剛學到，卻感覺滲進我的骨髓裡。這趟旅程非常棒，令人大開眼界。如果他們能，我也能。

也許我能像在材料進步股份有限公司那樣，有幾名願意為我工作的員工，在打造事業方面做得跟這些人一樣好，或是更好。坦伯頓的投資能力令人讚嘆，但這些人裡面，沒有一個人的商業嗅覺與領導才幹令人欽佩。坦伯頓超級富有，超級成功，但他們沒有一個是如紐克鋼鐵（Nucor）的肯尼斯·艾佛森（Ken Iverson，本章後面會介紹）那樣的人，沒有一個讓我考慮做我的執行長榜樣。

在材料進步股份有限公司工作期間，我得自己付住宿費，得勒緊褲帶度日。旅館越便宜，我就覺得越寂寞。有一天晚上，我在一晚 18 美元的廉價旅社房間裡獨坐沉思。孤單一人，孤單一人啊！沒有電視，沒有電話，沒有空調。在大家都知道亞斯伯格症候群之前，我已經是此症狀患者之子。點開始連成線。我父親寫過一本書[4]，這在 1950 年代對他而言是好

---

[4] 是美國的暢銷投資經典《非常潛力股》（*Common Stocks and Uncommon Profits and Other Writings*）。

10 條路，賺很大
080

事。我有研究過股價營收比。甚至我童年的「政治歷練」也有道理——時間花在哪裡，成就就在哪裡。我至少能管理與帶領一些人。也許我能學習寫作，也許寫跟股價營收比有關的東西。也許我能開一家只做基金管理的公司。所以在離開材料進步股份有限公司之後，我開始打造我的公司（這是創業執行長的路徑，不是本章的）。但是對任何執行長來說，都有兩大問題需要解決：一是如何領導，二是如何找到工作。

▌如何領導

嘿，我前面早就說過該如何領導啦——現身、關懷、注視著大家、隨時願意提供幫助——從早到晚。專注於梯隊上的每一根橫木，無論是分開來或組合在一起。花時間跟主管相處。花時間跟前線士兵相處。付出你的時間——從前線。別要求他們做任何你不願意做的事。讓他們知道你在乎他們。跟著業務去拜訪顧客（也就是你的顧客）；跟你的人員去拜訪你的賣家（也是他們的賣家）。如果你出差而他們搭經濟艙，你也必須搭經濟艙。投宿一樣的旅館、等級一樣的房間。你與他們同在。如果你沒把自己看得比他們還重要，他們就會在心裡把你看得比他們還重要，這就是領導的重點。如果你在乎，他們也會在乎；如果他們在乎，就會盡全力做到最好。

這就是領導力——讓他們變得在乎，好讓他們盡力做到最好。人們常常問我，為什麼我沒有私人飛機。要是我這麼做，我的員工會士氣低落。我平時都搭搭商務艙，當我跟勇士們一起出差，則會搭經濟艙，在飛機上巧遇客戶時他們會很驚訝！如果你想靠當執行長賺大錢，那就別耍蠢，專心在你的員工身上。略過所有會惹惱你的員工的額外優待。這才是從前線領導。你不能從後方領導，真的。問你自己，如果是肯尼斯·艾佛森會怎麼做，或是凱撒大帝會怎麼做？——好吧，也許他該雇用幾名保鑣。

我讀了很多怎麼做執行長的書，本章結尾也有列出一些。但是對於領導力跟如何做執行長，我最重要的教訓是從凱撒與材料進步股份有限公司學來的。無論你跟我一樣是創業執行長，或是像在材料進步股份有限公司時那樣是個過渡期執行長，重點都是讓你的員工打從骨子裡相信你在乎——在乎他們、在乎公司、在乎顧客，在乎成果。他們得相信你進公司不是為了錢。他們需要相信。你得讓他們相信，讓他們相信最好的方式，是相信你自己。你花越多時間在人們身上，這件事就會變得越來越有樂趣。住廉價旅社跟搭經濟艙不好玩，但效果很好。

▌如何找到執行長工作

要成為非創辦人的執行長，最佳路徑有 4 條：

1. 先當副手，接著登上王位。
2. 花錢得到執行長之位，就是照字面上的意思。
3. 經由投創或私募基金公司出任執行長。
4. 應聘。

以副手的身分搭上順風車

以副手的身分搭上順風車（第 3 章）然後轉換路徑，這在執行長當中是相當普遍的事——傑克·威爾許、史蒂夫·鮑默、史丹·歐尼爾、李·雷蒙（Lee Raymond）、提姆·庫克（Tim Cook）等人，都用過這個方法。這是升遷模式，風險比較低，但起步依舊困難。當上副手也需要不少本事，而且也未必一定能收獲成果。

花錢買——就是字面上的意思

或者，要是你有這個錢，你也可以買間小公司。這基本上就是一宗私人的股權交易。花錢買，比當創辦人容易。買下它、整頓它，讓公司壯大，就像巴菲特把一家小紡織公司打造成波克夏·海瑟威（Berkshire Hathaway）。或是像傑克·卡爾（Jack Kahl），他在 1972 年花 19.2 萬美元買下一家小小的水管公司 Manco。該公司有生產一種本來不是很起眼的多功能銀色工業膠帶。他重新塑造這樣產品的形象，並改名為「鴨子膠帶」（Duck Tape），還給了這項產品一個鴨子吉祥物。將近 30

年後，卡爾把 Manco 賣給漢高集團（Henkel Group），售價突破 1.8 億美元，[9] 比預期的高上許多！

臨危受命

許多執行長來自創投業者、私募股權公司和大型顧問公司。就像我在 MPC 岌岌可危時拿到執行長的工作一樣，是因為我認識創投業者——你也可以的。要不是我太年輕、經驗不足，這份工作我可能會一直做下去。當時投資 MPC 的創投業者中，有一家位於波士頓的公司名叫安珀森創投（Ampersand Venture Management Trust），被指派負責 MPC 的年輕同事中有個小伙子，名叫史蒂夫·華斯克（Steve Walske）。史蒂夫跟我花很多時間共事，我們成為非常好的朋友。他是很棒的人，聰明、專業，且非常清楚安珀森有哪些持股。

他們持股的公司中，有一間位於波士頓，名叫參數科技公司（Parametric Technology Corporation，PTC）的企業軟體公司。史蒂夫辭掉創投的工作，去做該公司的執行長。1990 年代初期他成為執行長時，這家公司已經上市，市值大約一億美元。那時，他就已經具備成為一名成熟執行長的能力了。等到 1990 年代晚期他卸任時，這家公司的市值已經超過 100 億美元。

史蒂夫來自創投背景，擁有亮麗的執行長生涯，讓這家公司蓬勃發展，然後共享這個成果。畢業後進入創投業的原因之一，不是為了做創投，而是等待時機，等到創投公司投資組合中的某家公司搖搖欲墜，就是你成為執行長的大好機會，就像史蒂夫・華斯克。你也能做相同的事，找一家大型顧問公司或私募股權公司待著，等待時機。

應聘

　　我提出的最後一個方法聽起來很怪，又違反常情，但它真的可行：

1. 去上點表演課磨練演技。
2. 研究獵人頭公司（headhunter）。

　　不要找一般的獵人頭公司，要找頂尖的高階主管招聘公司，例如史賓沙（Spencer Stuart, www.spencerstuart.com）和羅盛諮詢（Russell Reynolds Associates, www.russellreynolds.com）。當一家公司的董事會需要從外部尋覓新的執行長時，這就是他們的去處。獵人頭業者跟董事會成員將完全不同意我的說法，但這個流程相當簡單粗略：從履歷開始，再來是電話面試，接著是親自面試、背景調查與資歷查核，然後是跟董事會面試。
　　就這個流程本身而論，這更像是在考面試技巧和**表面的**管理技能，而不是真正的領導技能。我已經看過一大堆連做捕狗員都不配的人，用這種方式屢次當上執行長，他們的實際作為不多，他們只是很會面試。這就是表演發揮用處的地方，表演幫助你給人不錯的第一印象，短暫地令人印象深刻。

執行長的招募過程並不美好。獵人頭業者認為他們可以識破畫蛇添足的履歷。有些履歷或許騙得過他們，但不會太多。如果你還沒做過執行長，那些無法識破的，就是你的市場。你可以美化你的履歷，把它包裝得更好。這不是說謊 —— 是包裝。我敢說本書的讀者有三分之二，不但比我更懂如何包裝履歷，還早就做過好幾次。如果你還沒包裝過履歷，有書專門在談找工作時的這個環節。

▌先瞄準小目標

你不是一開始就要從 IBM 的執行長做起。你要找的是一家有外部董事、需要有人整頓的小型私人企業。就以我在材料進步股份有限公司的經驗來說，你可以從實戰中學習。

那些做出成績的人絕對不會停止面試，或是對獵人頭公司推銷自己。絕對不會。只要你當上一家小型私人企業的執行長，馬上就去面試規模大兩倍的公司。你不能透過讓你找到第一個執行長職位的獵人頭專員去做這件事。他們不可能願意、也不希望你離開剛坐上去的位置。但你到哪裡都能行銷自己。在當上 20 人小企業的執行長後，馬上跟你能找到的獵人頭業者約吃午餐，不斷知會他們你所在公司的最新進展。你想在 2

年內跳槽到更大的企業去做執行長，以免自己被綁在這家糟糕的小公司。持續前進，永不止息。別擔心拋下這些小公司。2 年內你就能為這些公司創造很多進展，就像我在財料進步股份有限公司才待 9 個月。

我認識某個在這方面做得很好的人——我很確定他曾是證券刑事犯（我不會透露名字，免得他告我）。他用這個方式，8 年內拿到 4 個執行長職位，而且公司規模越換越大，全都透過獵人頭業者，有一家他還用了兩次。他執行長做得還行，而且就我目前所知，沒再做過違法的事了。一離開第一份工作，他就沒再受過真正的背景調查，因而掩蓋了他的過去。在此，我的重點是面試技巧比其他任何技能都更加重要。

另一個人——我喜歡他，是個好人——但他是個差勁的領導者。他運用這個流程，從經營一家公司的某個部門開始（這個部門從過去、他在位期間和他離開之後都經營不善），到經營一系列規模越來越大的企業，直到他被選上去經營某家「財星百大企業」（Fortune 100 firm）裡的公司，他很快就讓這家公司被收購，這給了他很棒的黃金降落傘。我喜歡這傢伙，但他管理實在不行——毫無領導技能，只會努力在後方領導，而且毫無分析能力！從我認識他開始，就沒有一份工作做超過 2 年。但他執行長的工作和薪資越換越好，因為他很會面試、英俊瀟灑、迷人、有魅力，會讓你相信他——雖然不會很久。他上了舞台就是一名好演員。去上點表演課吧，幫助很大的。你也可以做到。

▌收穫豐盛的時刻

你的目標是什麼？大公司（以及一些規模較小的公司）的執行長，領高薪、享有股票選擇權、遞延報酬（以稅收優惠方式延後支付的薪資）與其他優待。精明的執行長都能事先談好他們退場的優渥條件。

誰賺得最多？表 2.1 列出了 2015 年，美國薪資前 10 高的執行長。注意：前 10 高的名字會改變，有時變化激烈，每年都不大一樣，根據哪個產業最興旺、哪個人成了當紅炸子雞，或是誰談成了最好的條件。在本書第 1 版，前 10 名以金融業最多，裡頭的要角有摩根士丹利（Morgan Stanley）的約翰·麥克（John Mack）、高盛（Goldman Sachs）的勞埃德·布朗克凡（Lloyd Blankfein）和美林的約翰·崔恩。他們全被踢出榜外，沒有任何銀行或券商的執行長挺進最近的前 30 名。2007 年時，能源與自然資源公司表現也很亮眼，但如今石油與商品價格跌成這樣，2015 年沒有一個進前 10 名。2007 年高薪榜上的執行長，只有一位在 2015 年的榜上屹立不搖：哥倫比亞廣播公司（CBS）的萊思禮·孟維斯。哥倫比亞廣播公司也是唯一還在前 10 名的企業。很多都已經掉出榜外，這是高薪者的職涯風險。

表 2.1 2015 年 10 大高薪執行長

執行長	所屬企業	薪酬總額
大衛・柴斯拉夫 （David M. Zaslav）	探索傳播 （Discovery Communications）	1.561 億美元
麥可弗・里斯 （Michael T. Fries）	自由全球（Liberty Global）	1.119 億美元
馬利歐・加百利 （Mario J. Gabelli）	GAMCO 投資公司 （GAMCO Investors）	8,850 萬美元
薩帝亞・納德拉 （Satya Nadella）	微軟	8,430 萬美元
尼古拉斯・伍德曼 （Nicholas Woodman）	GoPro	7,740 萬美元
葛雷格利・馬菲 （Gregory B. Maffei）	自由傳媒＆自由國際 （Liberty Media & Liberty International）	7,780 萬美元
賴瑞・艾利森	甲骨文	6,730 萬美元
史蒂夫・莫倫科夫 （Steven M. Mollenkopf）	高通（Qualcomm）	6,070 萬美元
大衛・濱本 （David T. Hamamoto）	北極星地產金融公司 （Northstar Realty Finance）	6,030 萬美元
萊思禮・孟維斯 （Leslie Moonves）	美國哥倫比亞廣播公司 （CBS Corp）	5,440 萬美元

資料來源：高管薪酬數據公司伊擴拉（Equilar）的〈伊擴拉 200 大高薪執行長排行榜〉（Equilar 200 Highest-Paid CEO Rankings）。

　　這當中很多名字並非家喻戶曉。諷刺的是，薪酬頂尖未必跟企業的表現掛鉤，它經常反映出一個人有絕佳前途、能在許多公司裡任選一家擔任執行長，卻承受巨大的職涯風險，好幾年時間生活在隨時可能丟飯碗的狀態裡，這是在很短的時間跨度裡，賭上自己好壞難料的前途。史丹利‧歐尼爾拿自己的未來賭一局，他輸了。歷史或許會證明梅麗莎‧梅爾做了相同的事。也許不再有人會付高薪讓他們做顯赫一時的執行長，但他們為這個風險談成了優渥的預付條件。

媒體的抨擊

　　請當心：執行長的高薪經常引來媒體的抨擊。「他們不值這麼高的薪資。」也許是，也許不是。但薪資取決於董事會（以及範圍較小的股東）決定的，所以抱怨沒什麼用。你要是看不順眼，就別買他們的股票。如果你喜歡，那太好了！也許這就是你的致富路徑。2005 年，埃克森美孚（ExxonMobil）前執行長李‧雷蒙以 3.51 億美元的退場方案退休時，輿論一片譁然。[10] 他有這個價值嗎？我不知道。我最肯定的部分是，合約一定是預先談好的。其運作方式如下：我談成了一場交易，如果我做了這個，股票就會這樣，銷售額與獲利就會那樣，然後我就會拿到報酬 X、Y 跟 Z。公式顯示「如果你們炒我魷魚或是我辭職，我就會拿到多少錢」。雙方都認為這個交易條件對他們那一方有利，但通常是某一方占了便宜。

選對時機也能幫大忙。2005 年，埃克森美孚創下史上所有企業最高的單一年度獲利：360 億美元。**11** 雷蒙實際上是拿走了 1%。他監督埃克森美孚的大型併購案，這可是不小的功勞。在他 11 年的任期裡，股價上漲了大約 400%。**12** 簡單來說，在這段期間你在標普 500 指數（S&P 500）裡投資 1,000 美元會變成 3,323 美元，可是投資埃克森美孚會變成 5,000 美元。**13** 埃克森美孚的股東們——散戶、機構、退休基金，都因此受惠。別忘了埃克森美孚還有逾 8 萬名的員工 **14**，他們也會收到薪水與退休金。如果大部分的大型企業能擔保他們的股票跟公司能長期拿出這種表現，他們會急著付雷蒙獎金，甚至給更多。問題在於，事情永遠沒有絕對確定。

高薪對某些人來說似乎是「可恥」的，特別是在「占領華爾街」及誹謗「1%」的年代。如果你這麼想，那麼擔任執行長不是適合你的路徑。大多數觀察家對於經營成功而拿到高報酬並不那麼惱怒，但他們真心痛恨失敗的執行長（無論是否被這樣看待）離開時拿走鉅額支票。他們更討厭銀行與金融圈裡「尋租」（rent seeking⑤）的執行長，覺得最好把他們釘在十字架上！話雖如此，如果你成為執行長，即使失敗了被公眾釘在十字架上，在財務上你最後還是會很寬裕（除非你是漢克·格

---

⑤ 指在沒有從事生產的情況下，為了壟斷社會資源或維持壟斷地位以獲得壟斷利潤，而所從事的「非生產性的尋利活動」。

林伯格，而且沒有分散投資，但即便如此，美國國際集團破產後，他也還有 2,800 萬美元的身家[15]。）

▌執行長與超級英雄

當上執行長很辛苦，要做得長還更辛苦。有個方法可以提高你的勝算：想想英雄。當一個有傳奇歷險情節的冒險者——一個有願景的人，大膽無畏地追求這個願景、勇於認錯、修正路線，然後再次毅然決然地向前邁進。有本事的英雄會走一條人跡罕至的路，但是會讓董事會、員工與股東接受為什麼這條人跡罕至的路比較好。這些不受歡迎的決策可能會失敗，但真正的英雄會捲土重來。

有一位已卸任的超級英雄執行長，是奇異的傑克·威爾許（資產淨值為 7.2 億美元）。[16] 威爾許在 1981 年當上執行長，那時奇異已是卓越企業，經過一番天翻地覆（我的解讀是裁員）後，他把這家公司變得更卓越了。威爾許不光是縮減薪資總額，他還整條、整條的砍業務線（business lines.）。對他來說，在任何業務領域，如果不是世界龍頭或緊接在後的第 2 名，奇異就不該進入那個領域。他在整個職業生涯裡，每年都解雇績效最差的 10% 主管。[17] 這些被炒魷魚的主管或許不太開心，但在現代史中，很少有執行長像威爾許這麼受到尊敬。

不是英雄好漢的人，怯於大規模改組，覺得徹底檢修公司是風險。他們害怕強烈反彈，員工和媒體討厭終止契約。但威爾許才不怕。如今，很多人仿效威爾許的作風，他的作風讓奇異很成功——在他 21 年任期裡，投資奇異 1,000 美元會變成 55,944 美元，反觀投資標普 500 指數則只有 16,266 美元。[18]

紐克前執行長肯尼斯・艾佛森，是有史以來最空前、最偉大的英雄執行長，沒有之一。大家崇拜他。真是見鬼，我愛死他了。艾佛森在 1960 年代救回了瀕臨破產的紐克，並在賺不了錢的鋼鐵業裡讓紐克茁壯。今天的紐克是全美最大的鋼鐵企業。他是以老派的作風做到的，他研發技術，開發出低成本產品和新奇的管理方法；他正面迎戰傳統鋼鐵，壓低價格——搶走他們的生意；他建立精實、出色的機器和優越的管理模式——一種現在全球競相仿效的模式。

美國鋼鐵業因為科層體制浮腫、工會箝制和政府的保護主義，已經垂死掙扎好幾十年了。艾佛森下放決策權力，削減高層補貼，讓執行長與前線員工之間只有 4 個管理層級。他要求創新——來自每一個人。他的員工愛他，願意為他赴湯蹈火。他的故事被寫在 1991 年出版的一本好書裡，我的朋友理查・普雷斯頓（Richard Preston）所寫的《美國鋼鐵》（*American Steel*）。

我在 1976 年第一次見到艾佛森。當時很少人看出紐克的未來，但是艾佛森令我折服，而我不是輕易對人刮目相看的人。他超群出眾，沒幾分鐘就把你變成了他的信徒。比起待在氣派的辦公大樓裡，跟工人一起待在鋼鐵廠裡令他更自在——
不過在辦公大樓裡他也如魚得水。

　　而這種特質，是成為英雄執行長的關鍵。你必須讓你的員
工崇拜你，同時又被視為是個強悍的混蛋。你必須公平不偏
私，儘管必要時得拿出高壓手段——但絕對不會急躁易怒。願
意承擔大風險，同時精明幹練，但不要陰謀詭計。他像普通人
一樣，跟他最小的客戶或職級最低階層的員工在一起，就跟和
董事會成員相處一樣開心，或是更開心！通常一位英雄執行長
會提前敲定他的薪酬條件，所以會以底薪換取龐大的上漲空
間。等他變有錢了，很少人會抱怨。大部分想做英雄執行長的
人，都在上述一項或多項特質上失敗了。

　　2005 年被惠普（Hewlett-Packard）趕下台的卡莉·菲奧莉
娜（Carly Florina）並不符合英雄執行長的標準。她上電視跟
雜誌封面——被普遍視為有魅力的英雄。她領導惠普完成跟競
爭對手康柏（Compaq）的合併。初步結果並不穩定，併購案
經常發生這種事。剛開始，她被視為能力超群卓越的人，但是
惠普的企業文化建立在創辦人大衛·派卡德（David Packard）
的「走動式管理」作風之上。她看起來高高在上，對底下漠不
關心。如果員工不崇拜你，一個想做英雄執行長的人不會忍
受。她跟媒體和董事會在一起，似乎比跟她最小的顧客、職級
最低的員工相處更自在。在我看來，就是這一點讓她不符合標
準，得不到底下人的支持，所以當情勢變得嚴峻，她就被解雇

了。當然，她拿到了 2,100 萬美元的分手贈禮，[19] 但在我看來，沒有任何一流企業會再用她做執行長了，從此跟執行長無緣。但她還是很忙碌，先是在加州競選美國參議員（選輸了），然後又在 2016 年爭取成為共和黨的總統候選人。結果證明，她的從政之路走得沒比經商更好。美國人民對她的崇拜，比她的員工更少。

從菲奧莉娜的失敗，可以得出一條基本通則：每一個執行長，每一個月，都必須花時間跟老主顧和最底層的員工相處。忘了這一條，你必輸無疑。高居象牙塔的執行長安逸得了一時，但最終會失敗。頂尖的執行長絕不會忘記是誰讓這家公司運轉順暢。這就是為什麼員工們崇拜英雄執行長——他們不會高高在上、漠不關心。他們看起來就像部隊裡的一員——他跟他們在一起時很自在，而且關心他們，但依然卓越超群。

要記住，菲奧莉娜、美林的歐尼爾、雅虎的泰瑞·賽梅爾（Terry Semel）、全國（Countrywide[6]）的安傑羅·莫茲羅（Angelo Mozilo）等人，儘管跌下王位，這條致富路徑還是走得很好。即使你最後沒有像威爾許或艾佛森那樣，成為在位超久的英雄執行長，也依然能賺大錢，然後退休去，或是拿到有酬勞的董事職位！很多公司會雇用他們的卸任執行長進入董事會。

---

⑥ 英國最大房仲公司。

▋ 最棒的部分

　　大撈一筆，不是走這條路的理由。當執行長最棒的部分是協助人們成長，讓他們變得比遇見你之前更好，遠比他們以為的、願意做到的更好。除了錢以外，一旦你感受到真正的領導力發揮作用，你就會成為大家的一分子——大家就是你的人馬了。你無法光靠自己產生這種感受，一旦你成為這類執行長，這種感覺就會指引你該怎麼做好執行長的工作。

　　這是我鼓勵任何胸懷大志的人所走的路徑，因為如果你是真正的成功人士，你會幫助大家，在公司的財務之外打造某種社會價值。一家奇異或微軟，為我們的世界提供了巨大的社會利益。當他們經營不善，那就糟糕了。規模小一點的公司也一樣——要走這條路徑，你可以從這裡開始。當執行長管理不善，會是一種可怕的空轉。你見過這種情況，你知道這有多糟糕。你可以做得比那傢伙更好。她或他不是從前線領導。記住我的經驗——你不需要接受多大量的訓練就能開始管理，只要先把重點放在**現身**、**關心**和**從前線領導**即可。只要做得對的話，這是一個照顧人的職位。

▋ 高階主管訓練班

　　要繼續走這條路，以下的書可以協助你：

- ▶ 《你的內在執行長》（*Your Inner CEO*），艾倫・考克斯（Allan Cox）著。作者提供個案研究與實務工具，協助你觀察自己，強化你經營企業（從微型企業到大型公司）的所需特質。

- ▶ 《最傑出的執行長都知道》（*What the Best CEOs Know*），傑佛瑞・克拉姆斯（Jeffrey Krames）著。要學習怎麼做個英雄執行長，這本書是很棒的輔助教材——有很多過去知名執行長的案例。

- ▶ 《從第一天就發光》（*From Day One*），威廉・懷特（William White）著。副手（第 3 章）想要轉任執行長的指南。它介紹如何創造絕佳的第一印象、如何向上與向下管理，以及人脈經營。

- ▶ 《如何像執行長一樣思考》（*How to Think Like a CEO*），黛柏拉・班頓（D. A. Benton）著。本書建立在班頓對百餘位執行長訪談的基礎上，帶領你深入了解個人特質（例如幽默），幫助你以自己的方式邁向顛峰。

- ▶ 《董事會的前一夜》（*The Five Temptations of a CEO*），派屈克・藍奇歐尼（Patrick Lencioni）著。這本書會讓你一讀就放不下來，而且揭露了執行長之路有哪些陷阱等著你，像是覺得自己最重要，或是把好感誤會成領導力。

執行長指南

　　就算你沒有創辦自己的企業，還是能帶領某家公司來到它的新高度。同時，你可以賺取高薪與其他能獲利的津貼。這並不容易，而且（通常）得花很長的時間。一旦你被加冕，媒體可以無情地把你烤來吃。發生任何事故你都會被指責！這是你所承擔的風險，但這是能拿高薪的職業風險。失敗的執行長也能賺取高薪，但是能做得長遠當然更好。因此，在這條能賺大錢的路徑上，你可以如何走得長遠呢？

1. **享受你做的事**。要進駐角落辦公室，通常得花上一段時間。如果你對你做的事情有熱忱，而且愛 —— 是的，愛——你的公司，要投注這麼多年心血，會比較容易。

2. 別一開始就做 IBM 的執行長。剛開始，請瞄準規模較小的目標——當上執行長的勝算會更高，搞砸的機率也比較低，以免阻礙你在規模更大的企業裡，找到你的下一份執行長工作。或者你也能專心做好一份工作，把公司從微型企業變成大公司。

3. **拿到這份工作**。除了創辦自己的公司，以下還有幾種方式，能助你登上巔峰。

   a. **成為副手：搭對車，跟對人**。這個升遷方法是經過驗證的，真實有效，而且能賺大錢。我們許多最好的執行長，都是搭順風車上位的。

   b. **買下來**。要是你有錢——你自己的或別人的——你就能進行一人的私人股權交易，買下一間你喜歡的公司。

    c. **臨危受命**。如果你在創投業、顧問業或私募股權公司工作，你就可能被派去帶領一家資產組合中的混亂企業。你甚至能特意走這條路徑，靜待能成為臨危授命不二人選的時機。

    d. **被招募**。去上表演課、練習面試，用美酒佳餚款待獵人頭業者。一旦你拿到工作，就開始向下一家規模更大的企業推銷你自己。一再重複這個方法，你就能一路跳槽，成為大公司的執行長。

4. **領導。做就對了**。領導的關鍵是現身與帶人。你可以透過閱讀學習，但最好的方法是從做中學。現身並關心。跟你的員工談話，讓他們覺得你最重視他們。這方面做足做滿，你會發現你真的在乎他們，也真的最重視他們，所以你真心希望他們拿出最好的表現。

5. **但是務必站在前線**。向凱撒學習。如果你每一次都帶頭，你的員工會愈加尊敬、追隨和愛戴你，不要躲在後面。跟他們談話、花時間相處，還有一起出差。旅途中跟他們住一樣昏暗骯髒的旅館。

6. **花時間跟你最低階的員工、最小的客戶相處**。一旦你成了地位最高的那一位，繼續在前線領導。此時跟你最低階的員工、最小的客戶相處，比待在董事會的會議室裡更加重要。這會產生信任與忠誠，讓你和你公司的文化不會脫鉤。

CHAPTER
03

成為副手：上對車，跟對人

擁有挑選勝利者的好眼光嗎？覺得當老闆太辛苦了嗎？你的天命或許是作為老闆的左右手，上對車，跟對人。

有些人想賺大錢卻不想「承其重」。跟對老闆能使你步步高升、扮演關鍵角色，成為受尊敬的領導者，並且賺很多錢，卻不必承受做執行長的極限壓力。副手不必負責指引方向。他們找到對的千里馬、搭上順風車，然後幫助這匹馬。他們或許不曾戴上執行長的王冠，但有些名氣響亮的副手，賺進了幾十億美元——好比巴菲特的副手查理・蒙格，資產淨值就有 13 億美元。[1]

這不是件容易的事！要憑直覺判斷你跟的這位執行長會帶你邁向新高峰，還是墜落懸崖，是具有風險的。真正搭上順風車的人，不會是盲目跟從他人的「旅鼠」[1]或唯唯諾諾的應聲蟲（雖然差勁的上車者可能是）。不！搭順風車的人會得到董事會、員工、股東和執行長的尊重——也因此獲得高薪。而且，他們能說、也能做執行長不能做跟說的事情。執行長太引人注目了！當需要玩黑臉白臉的遊戲時，猜猜誰會扮黑臉？也許他們不像創業執行長那般超級有錢，但好的順風車乘客會拿到高薪、公司所有權，跟大量的人脈資源。

▌為什麼要搭順風車？

覺得成為老闆的左右手，聽起來比做邪惡博士（Dr. Evil[2]）的貓：比格沃斯先生（Mr. Bigglesworth）更糟嗎？不！別把左右手視同於馬屁精或阿諛奉承的人。馬屁精不會有夠強大的影響力，但左右手會。我們談的「搭便車」不只是成為公司高層的一員，而是**成為執行長不可或缺的左右手**。

賺很大的副手

搭對車的人收入雖比不上創業或是第 7 章將提到的「打理別人的錢」之路，但仍可以媲美其他的致富之路。蒙格資產淨

---

① 旅鼠泛指在團體中盲目跟隨的行為。
② 電影《王牌大賤諜》（*Austin Powers*）裡的反派角色。

值 13 億美元，跟巴菲特的 655 億美元相去懸殊，但還是很有錢啊！eBay 第一位員工傑佛瑞·史高爾（Jeffrey Skoll）是搭上楊致遠的順風車，如今資產淨值是 41 億美元。[2] 臉書產品長（CPO）克里斯多福·考克斯（Christopher Cox）是祖克柏的得力助手，光是 2015 年一整年累積的總收入，逼近 1,200 萬美元。[3]

還有什麼好處？跟成為執行長相比，搭對車有更多機會。一個執行長底下可以有好幾位搭便車的乘客——大型企業可以有多位資深副總裁、總監和其他資深經理。你或許達不到比爾·蓋茲那般巨富，甚至很難仿效傑佛瑞·史高爾的作風，但走這條路徑，你可以變得超級有錢。別誤會，這些人可不只是老闆的跟班，這不是免費的便車。魯柏·梅鐸（Rupert Murdoch）長年的副手彼得·切寧（Peter Chernin，他在新聞集團〔News Corp〕做營運長的最後一年，總收入是 2,880 萬美元）推出了《辛普森家庭》（*The Simpsons*）和《飛越比佛利》（*Beverly Hills, 90210*），這兩檔影集在福斯（Fox）電視台紅透半天邊。[4] 梅鐸收購衛星數位電視公司 DirecTV，切寧則是談判的關鍵人物；而福斯集團能成為熱門電影的製造機，也歸功於切寧。只要說到迪士尼（Disney）的未來執行長人選，他的名字就經常出現。[5]

權力越大，責任越重

　　從一開始就不打算做執行長的人很多。因為太艱苦了！巨大的風險、壓力、自我犧牲——心臟不好不行。追隨一個有為的執行長，就輕鬆一點了。微軟前執行長史蒂夫·鮑默，幾乎從微軟創辦的第一天起，就追隨創辦人比爾·蓋茲，這是名副其實的搭對車。他後來在 2000 年搖身變成執行長，但之前他已經管理過眾多部門（搭對車副手的典型特徵之一）。在第 2章，我們的好朋友漢克·格林伯格（因為沒有分散投資而賠掉幾十億美元那位），是另一個長期搭順風車的人，比他做執行長的時間更長。蘋果的庫克在賈伯斯重返蘋果後不久就被雇用，於 2011 年加入了「從搭順風車變成執行長」行列。

　　但是從搭順風車變成執行長，這條路徑並不好走，不是一路暢通，也不是人人都適合。回想一下第 2 章的史丹利·歐尼爾，這位多年來對大衛·柯曼斯基忠誠、景仰的副手，當上執行長後卻馬上被美林踢出去。大衛·波崔克（David Pottruck）也是施瓦布的左右手，登上執行長之位後也火速下台。[6] 搭順風車是當上執行長的路徑之一！但是一直搭下去，本身也是一條合理的致富路徑，不一定需要再繞到其他路徑上去。

　　另外，執行長常成為散戶與媒體的目標，股東訴訟在美國是一筆大生意（見第 6 章）。也許你不想碰到這些事，或是不希望你子女的朋友讀到這類報導。身為搭順風車的乘客，一樣會遭受波及，只是不像執行長（公司的門面）要承受最沉重的惡意、罷黜與壓力。

興論常將執行長描繪成英雄或惡棍——反差就是這麼大！而且即便他們非常成功，還是會被詬病拿了太多錢（就像第 2 章的李·雷蒙）。搭順風車不會讓你不受影響，但能讓你遠離靶心。

對的特質

有些人搭順風車，一搭就是一輩子，因為他們知道他們不是做執行長的料。不是人人都想當執行長。也許你只是不想要員工跟股東的命運最終都落在你瘦弱的肩膀上。很多人都不想！

在籃球賽事中，所謂的傳奇球星是那種比賽剩下最後 4 秒，球隊還落後 2 分，而球隊正從界外把球踢回界內時，會想著「我想拿到球！」的人。那是一種奇特的想法，很多人不會想負責關鍵的最後一次投籃。要是你拿到球，卻沒投出 3 分球讓比賽逆轉勝呢？那壓力爆炸大的！那些在如此狀況下仍真心想要拿到球的人，就是執行長類型的人。至於那些以閃電速度把球傳給想要投球者的人，則是順風車副手的典型人物。

雷達之下的低調生活

某種程度而言，副手比 CEO 更難當。你可能會沒沒無聞，很少受到表揚，通常不會上電視或是被《富比士》報導

（直到你成為蒙格）。但是當副手待遇優渥——領高薪、受敬重（至少在公司內），卻不會成為巨大的靶心，能保有私密的家庭生活。有志氣的副手通常能獨當一面。想負責銷售業務嗎？執行長可能會認為這是對你有益的歷練機會。想在倫敦設立分部嗎？跟大哥（或大姐）說一聲就可能成真。而你還能維持良好的生活品質。喜歡嗎？太棒了！但首先，你要怎麼成為一名成功的副手？

▋ 挑對企業

找到對的執行長與企業是最重要的。副手會長年待在同一家公司，即便受雇時職等已經很高，他們之後還是會繼續留在公司裡。鮑默當上執行長之前已經上車 20 年了，而蒙格待在巴菲特身邊已經 57 年。

要認真看待，因為你搭上的車子，不管是誰，你都會想要搭很長的時間——從各方面來說都是一個完全忠誠的形象。執行長可能外聘，但搭順風車的人很少從外部空降，除非是跟著新的執行長進來。但就算是跟著新執行長進來，就像蒙格與巴菲特，他們往往也老早就認識了。

上車吧

如果你很年輕，現在就上車吧。考克斯放棄上研究所、在

2005 年加入臉書並成為祖克柏的幕僚長時才 28 歲。不過，如果你的職涯早已開始，那也不需要再製造變動，除非你待在萎縮或垂死的產業，那你就無論如何都得改變。關於這一點，第 10 章挑選職業的規則全都適用。但你要多做點功課，確保你待的領域是你想一直待下去的。一樣，請挑選一個前景看好的產業。

或者要反其道而行亦無不可！在 2004 年，有個名叫史特勞貝爾（JB Straubel）的小伙子想為一位有遠見、希望改革美國汽車業的人工作。也許你已經聽說過他：馬斯克。史特勞貝爾很快就在 2005 年當上特斯拉的技術長，現在依然坐在車子的前排座位，2014 年收入逾 1,100 萬美元。[7]

美國汽車產業的厄運一直無法挽回。從我成年以來，福特（Ford）和通用（GM）汽車就一直努力讓自己破產，只是因為能力不足，所以花了很久的時間。通用無能到在 2009 年 6 月提出破產申請，卻至今還沒倒閉。我對於它最終一定會倒很有信心。也許特斯拉會幫忙加速他們朝這個目標邁進；也或許特斯拉會一直燒錢，加入通用的行列，一起邁向市場小咖的未來。也許你將追隨另一位有遠見、但現在還默默無聞的人，他未來將讓很多汽車產業的人破產。

要扭轉垂死企業與產業的頹勢需要膽識和魄力。就以一度嚴重工會化的開拓重工（Caterpillar[③]）為例，它長期表現不佳。1994 年，時任執行長的唐納・費茲（Donald Fites）有振興公司的想法，但是要實施，勢必得讓公司掙脫工會的枷鎖。所以他做了很少執行長有魄力去做的事——他挑戰工會，而且贏了。費茲被工會罷工抗議了 18 個月，他拒絕屈服，他要求工會兌現其恫嚇的內容！30%的員工離職了，費茲就雇用臨時工，連他的白領高階主管都投入支援——他的律師得學焊接。之後，工會失去影響力，而開拓重工一飛沖天。[8] 你會想搭這種人的順風車。有見識、夠強悍、一心一意，而且對未來趨勢有深入的研究與預測力。

但是你要怎麼找到這樣的上司呢？以第 2 章的艾佛森為例，最早搭他順風車的兩位關鍵人物，一位是戴夫・艾考克（Dave Aycock，管營運），另一位是山姆・席格（Sam Siegel，管財務）一直都表現出色、信任艾佛森，忠誠地扮演協助領袖的角色。他們是怎麼選上艾佛森這輛順風車的，兩位告訴我的答案大致相同：他們沒有特別去選擇，就是碰上了。

在上一章，我告訴過你，我跟艾佛森初識那一天，他就令我折服，而我不是會輕易對別人刮目相看的人，而艾佛森也一樣令艾考克和席格折服，他們也不是會輕易對人刮目相看的

---

③ 是全球最大建築、採礦設備、柴油、天然氣引擎和工業汽輪機製造商。

人。你尋覓的正是一位具備你所欠缺的特質、又有遠見的領導者。你尋覓的是一位身上有某種魔力的人，不管這樣的魔力是否就是領袖魅力。你要一直找，直到你發現了那個人。這跟尋找配偶很像。

領導者或新手？

要開始搭順風車，你可以挑選一家知名企業與知名領袖，或者完全新創的公司——兩者各有利弊。

儘管可以選擇知名企業與領袖，但你未必要挑選業界第一。成為標普 500 指數成分股裡任何一家公司的高階夥伴，都將有利可圖。你能透過上市公司網站上張貼的委託書，查到任何中大型企業的薪資待遇。你聽過麥可·維爾（Michael G. Vale）嗎？沒聽過？他是 3M 消費者事業群的執行副總裁，2015 年的年收入是 410 萬美元。[9] 那不然瓊恩·科恩（Dr. Jon R. Cohen）呢？你總不會不知道柯恩吧？他在 2005 年賺進 280 萬美元，職業是奎斯特診斷公司（Quest Diagnostics④）的資深副總裁，[10] 這家公司小多了。你不認識這些人，我也不認識，但這些知名企業裡的高層認識他們、喜歡他們。你也可以像他們一樣。

你想要的不過是一位執行長。跟對小公司裡有遠見的執行

---

④ 美國醫療診斷資訊商。

長，做出產品創新、協助公司成長，你會賺更多。

但加入新公司的風險很大。你最後會是在 Google？eBay？還是你會看錯人、上錯車，加入了生鮮電商 WebVan、貓托邦（Petopia）或是 SweetLobster.com 這種公司呢？有時答案顯而易見。TootsieRollsForEver.com 也許是個明顯的輸家，但 20 年後東山再起了。你怎麼知道哪一個搜尋引擎會勝出呢？當時 Google 甚至還沒誕生！這時你需要嚴謹的私募股權式分析。不管你選擇的領域或產品是全新還是既存的，你都必須分析商業策略**加上**管理團隊。你或許有全球最佳策略，卻有一個低劣的管理團隊。真正的關鍵在於那位領導者。

挑選會贏的馬

最重要的是，你選擇的那匹馬能夠勝出。有些人說：「選馬找匹血統優良的馬，選人就找個家世華麗的人。」錯！家世好無法用來預測執行長或副手是否會成功。賈伯斯從里德學院（Reed College）輟學──並非排名前 20 的學校。別誤會我的意思，里德又不生產笨蛋。我的摯友史蒂芬·西利特（Stephen Sillett）是在紅杉林裡做創新研究的天才，他就是里德畢業的。但史蒂芬本來就是去哪裡都會是一號人物的人，我的意思是哈佛、里德、名不見經傳的學校──也不管學業有沒有完成（比爾·蓋茲可能是哈佛最有名的輟學生，緊追在後的是祖克柏）──都不重要！我就讀的是社區大學跟紅堡州立大學

（Humboldt State University，西利特在此做研究），但這些從未成為我的阻力；而有沒有出身名門，也不會造就你或毀了你。

所以，是什麼原因讓早期的蘋果人選上了賈伯斯？或是蓋茲、巴菲特、馬斯克或任何小有成就的執行長們，用什麼激勵副手上了他們的車？**領袖魅力**與**遠見**。他們具備這兩樣，而你得釐清真偽。

很多明日之星具備領袖魅力與遠見，最後卻還是失去光芒。因此，你還是得仔細分析，就像那些從事私募股權的人。請看看第 7 章的相關內容，然後回答以下問題：

▶ **你想追隨的人是否有一個令人振奮的商業願景？** 你是否非常相信它會成功，相信到願意投入自己的資金？（你不必真的投入，但是你願意嗎？）

▶ **你想追隨的人善於把工作分派給他人嗎？** 這點至關重要。回頭看第 1 和第 2 章的創辦人跟執行長，確定你找的人展現出大部分（如果不是全部）需要的特質。

▶ **你想追隨的人失敗過嗎？** 失敗不是問題！如果你想追隨的領袖曾經失敗、再嘗試，然後又失敗（但是跟第一次的失敗不同），這顯示了他勤奮且能從經驗裡學習。如果有人多次失敗但模式雷同，別搭上他的車。從失敗中吸取教訓（就像第 1 章的陶氏）可能是你的千里馬正在為勝利做準備。就連山姆・沃爾頓剛起步時也是跌跌撞撞。

　　一旦你發現了對的人，他或她的成功深深吸引你，就跟隨你的直覺吧。你要嘛信任並完全欣賞這個人，要嘛不是。如果你是，要永遠忠誠。這就如果你找不到一個相信可以讓你託付前程的領導者，你最好選擇步上找尋成名公司的路徑。這行得通！但想賺更多錢，勢必要在企業的新創階段就搭上車。

▌成為那位不二人選

　　現在你找到那家公司和那匹千里馬了。接著，你要如何成為搭上車的人選呢？你要如何吸引那位有遠見的人的目光，成為沒有你他就做不到的那個人呢？一樣，答案是忠誠！如今忠誠比任何時候都珍貴，因為更罕見了。從 1960 年代以來，我們的社會就一直在吹捧告發者、行動派、辭職出走的人、抗議者、激進派、不會為權貴效命的人，以及那些挑戰權威者——我想你知道我的意思。從《華爾街》（*Wall Street*, 1987）、《黑色豪門企業》（*The Firm*, 1993）和《爆料大師》（*The Informant*, 2009）等電影可見一斑，這些電影都幻想老闆是壞蛋，推翻對方是好事。這些電影針對執行長，而相應地，執行長變得比以往更重視忠誠度了。

忠誠要走很長的路

　　成功的副手非常重視公司的願景，絕非只是表面假裝出來的樣子（這就是你尋覓的某個領域的某家公司，必須讓你振奮期待的原因）。你得讓同事相信你真誠地希望融入公司、是「同一艘船上的人了」，而不會以為你是盲目地跟從了「邪教」。執行長和其他資深主管（如果你還不是其中一員）需要確定你會義無反顧，不會半途下車。

　　忠誠的人通常備受信賴，這是最重要的。如果剛開始時，別人不相信你不會把即將到來的聖誕派對細節說漏嘴，那之後也不會有人信任你，告訴你產品發布的最高機密詳情。要忠誠，但是要照實給反饋意見。成功的執行長很少聽見**反對**的話。因此，不光是執行長，許多超級成功人士都有點瘋狂。想想麥可·傑克森（Michael Jackson）和瑪丹娜（Madonna），長期以來都沒人告訴他們，「你知道嗎，我覺得你正在做的事，真的是個壞點子。」如果發生在執行長身上，那就是身邊圍繞著擔驚受怕、唯唯諾諾的人。你必須勇敢說不，但前提是忠誠。

　　鮑默讓蓋茲這麼倚重的傳奇事蹟之一，就是他能有禮貌地指出蓋茲的錯處，同時看起來依舊忠貞不二。

　　蒙格在波克夏是有名的「愛說不的討厭鬼」。[11] 但是不要故意唱反調！反對的同時，也要帶來新洞察。如果你忠誠又值得信任，而且又有獨特洞察的良好紀錄，執行長會聽你的，而且重用你。你必須發自內心相信你的公司有存在的必要，否則你無法做一個好副手。你必須相信你的公司讓世界變得更美好，而你是在輔佐執行長表現得更好。儘管公司不完美，但瑕不掩瑜，這些缺失都可以修正。

當二把手不能發牢騷或抱怨。你唯一能做的就是針對你困擾的部分提出修正的對策。二把手不會憤憤不平──他們是理性但熱情的公司啦啦隊長。如果你認為你對你的執行長或公司無法產生這種感覺，以及你不想走這條路徑，現在就去找另一家公司或另一匹馬，或是兩者都放棄。如果你就是愛酸人幾句，去走別條路。

保持彈性

如果你是個志在寫程式的工程師，要當副手會很辛苦。執行長的副手必須知道或學習銷售、行銷、品牌經營、製造、供應鏈管理，他需要什麼你就要懂什麼。傑克・威爾許讓這種管理風格被大家仿效。他的主管們主掌一個部門，再輪調到別處。他有具備深度的人馬，他們從不輪調，但在他們的領域有最深耕、他人最難企及的知識。但他也有具備廣度的人馬，並栽培這類人才。以本質而論，他是建立了一支副手大軍，以及未來執行長的可靠人選──不光為他的公司，也為美國所有大企業。誰不想要一個威爾許管理學院畢業的副手，來帶領他們的公司呢？

「我要做」，而非「我能做」

這就點出了另一個重點——在我公司的大重點。我希望大家的心態是使命必達。注意，我說的是**「我要做」**，不是**「我能做」**，這是不一樣的。這可以指的是能力。這很好，但少了些什麼，而且對我跟威爾許來說不好。當威爾許說：「鮑伯，我喜歡你在微波爐和器材方面的工作表現。幹得好！但我現在真的需要你處理水的生意，尤其是新興市場的淨水廠。你會被調到吉布地市（Djibouti City⑤），沒問題吧？」鮑伯沒有回答：「是的，傑克，我可以。」鮑伯對淨水一竅不通，用雙手跟軍用 GPS，也找不到吉布地市在哪裡。但是鮑伯開心地說：「太棒了，傑克。是的，我要去。」

可以做什麼，那是你的履歷。**願意**做什麼，代表你渴望開疆闢土，走出你的舒適圈。你躍躍欲試，相信自己能完成任務。不管要做什麼，只要對公司重要，你就會去做。你將掌握相關技術與人才，在學習曲線上快速前進。你會招兵買馬，也許網羅進來的人比你聰明能幹、懂得比你多，而且可以讓吉布地市的任務成功。重點不在於**你**——而是公司和執行長的成功。他或她的成功，就是你的成功。這和你也有一點點關聯，因為你可以體驗到搭雲霄飛車般的旅程，如果你能倖存下來，你將變得更好，準備迎接下一個「我要做」的任務。但重點還

---

⑤ 東非國家吉布地的首都。

是在於你願意為公司和執行長完成任務，而不是做你知道你自己能辦得到的事。這兩者天差地別。

　　好副手實踐**我要做**的態度。他們不會抱怨被派去吉布地市。他們說：「好。」他們自願做不愉快和最無趣的任務，而且不會抱怨已經超過下午 5 點。你或許認為這會危及你的地位，但相信我，你想搭順風車的那匹馬，會注意到你是多麼愉快地在做令人難受的任務。你是個忠心耿耿的傢伙，想要超越期待，做什麼事都為公司和執行長著想。

我的得力副手

　　在我的公司裡，有逾 25 位員工成為百萬富翁，其中好幾位不到 40 歲就退休，從此不再工作。有一個覺得無聊，又回來上班。有一些更有錢。他們當中尤其是傑夫・席克（Jeff Silk），是最典型的搭順風車者。

　　傑夫小我 15 歲，是邁克・布洛森（Mike Brusin）幫我找來的，布洛森是一位教授，我一輩子的朋友，後來成為傑夫的教授（要尋覓搭順風車的人，你以前的教授可能是很好的參考來源）。剛開始，傑夫每天幾乎都穿不成對的襪子（真的）。但他從不停止改善、前進與嘗試，同時展現他的忠心。他什麼都做：初階研究、電腦硬體、交易、管理交易、管理服務、負責我們的機構法人部門，以及當總裁和營運長。現在他是副董事長和共同投資長，在公司裡他想做什麼都行。他從沒像現在這麼賣力工作，也從沒這麼快樂過。但如果我開口，他什麼都會答應。

　　我從沒煩惱過傑夫的出身。如果我要他做什麼，他都會完成。我從沒覺得他對我更有錢、更惡名昭彰感到嫉妒。他也說他從來沒有這種感覺。傑夫已經在我公司超過 30 年，資產淨值上看 1.5 億美元，這讓他的財富，只輸給少數幾個手指數得出來的知名藝人。他有令人敬慕的妻子（兩人從十幾歲就在一起）、三個很棒的孩子，非常美滿的家庭——享有一般執行長罕見的家庭與工作平衡的生活。他享受著美國夢的人生。他覺得他的人生很美好。他可以很強悍，可是當我們為他舉辦一個小小的 25 周年派對時，他眼中含著淚光。你該去一個 25 年後你眼中也會噙著淚水、覺得自己很好的地方，而且跟傑夫一樣有錢。人生很難比這樣更美好了。

至死方休

　　做一個好副手，真的很像做一個好伴侶。一個好配偶或好副手，永遠做正確的事，其中最首要的，就是忠誠。她知道她的另一半犯糊塗，但不會怕告訴他（我用「她」是因為我知道我的錢都在誰那邊）。他或她具有**我要做**的態度。例如：「好的，親愛的，我會清理水溝」「我會看萊恩・雷諾斯（Ryan Reynolds）的電影，雖然不是飾演動作片英雄、對壞蛋們大開殺戒，一切都很刺激的那種，而是他主演的浪漫愛情劇，令人痛苦的整整 3 小時，沒有任何東西爆炸。」一個好副手或配偶會看見另一半所有的缺點，但依然愛他（或她）。做好一個搭順風車的乘客就像結婚，只是這個關係經常更持久，收入也好很多！

▌副手讀什麼

我已經給了你基礎。要走這條路徑，你還有很多可以研究和預備。以下的書在你打算走搭順風車路徑時，可以提供指引。

▶ 《從 A 到 A⁺》（*Good to Great*），吉姆・柯林斯（James C. Collins）著。你必須了解是什麼造就出優良企業與卓越企業之間的差別——要是你搭上車的公司是卓越企業會更好。柯林斯會告訴你要尋覓一家可望變卓越的公司，你要找什麼。

▶ 《克服團隊領導的 5 大障礙》（*The Five Dysfunctions of a Team*），派屈克・蘭奇歐尼（Patrick M. Lencioni）著。你搭上車了，車裡的管理團隊有可能成功嗎？還是他們只是馬戲團小丑呢？讀這本書可以避開小丑，知道如何找到並加入對的團隊。

▶ 《UP 學：所有經理人相見恨晚的一本書》（*What Got You Here Won't Get You There*），馬歇爾・葛史密斯

（Marshall Goldsmith）著。必讀！這本書教你如何隨著時間，演進成更有價值（薪酬也更優渥）的搭順風車者。如果你想從副手轉作執行長，這本書也能幫上忙。

▶ 《如何贏取友誼與影響他人》（*How to Win Friends & Influence People*），戴爾・卡內基（Dale Carnegie）著。這本書我也推薦給銷售人員，但是要搭順風車的人必讀。這絕對是學習如何正向的堅持自己的權利、問對的問題、談判，和如何超越老闆、客戶與員工期望的最佳指南。

 副手指南

你搭上順風車，不代表你能吊兒郎當或利用裙帶關係。好的（換言之，會變有錢的）副手會憑自身努力實現這一切。跟當上執行長一樣，這也需要時間、恆毅力、決心和自我鞭策的心。副手經常收拾爛攤子，但不會得到執行長那種盛讚。別懊惱，副手做得好，你將得到更多報償。跟著以下步驟：

1. **挑對馬**。比挑對領域或公司更重要的，是挑對人。這就像婚姻！要確定你的千里馬有遠見、有才幹，你能信任他，也能跟他共度成年後大部分的人生。

2. **挑對公司**。在這條路徑上，挑選對的產業、領域和公司，遠比其他路徑重要，因為你上車後，將搭乘很長一段時間。你可能會被帶進新公司，但依然從事相同領域。好好研究，你將在降落之處堅持到底。

3. **選擇——成名企業或新創企業**。你未必要從企業剛起步的階段就上車，就像雅虎的史高爾、特斯拉的史特勞貝爾或是微軟的鮑默——儘管這樣能賺大錢。如果你擔心加入新創公司會增加風險，你能選擇已經成名的企業——賺不到幾十億美元，但也有好幾百萬美元的潛力。

4. **要忠誠**。最重要的是忠誠和值得信任。但要學著適時說不。副手被選上，是因為忠誠、能力，加上誠實的反饋意見跟批評。要做理性但熱情的公司啦啦隊長。

5. **具備「我要做」心態**。要超越「我可以」心態。拓展你的能力。做對公司正確的事。自願去做！很多人只做覺得自己做得到的事。要做得比這個程度更多。

CHAPTER

04

名利雙收

想追求名氣與財富？不介意放棄隱私？試試這條名利雙收
之路吧。

變得有錢又有名，是不少人的夢想，但大部分的有錢人並不有名。他們可能擁有拖車屋停駐場或小公司，職業是會計師或醫師，但是沒有過著有錢人般的夢幻生活。關於夢幻生活，我們想到的是大型豪華禮車、超級盃冠軍戒指、奧斯卡小金人、擁有職業運動球隊或是拍電影。這條路徑上滿是小學生渴望的夢幻職業——職棒選手、演員、歐普拉、老虎伍茲。這條致富路徑雖然可以規畫，但是如果等到成年才開始，成功機率微乎其微。這條路徑需要從小就開始走。孩子們夢想成為明星，但這些孩子的夢想多數只是在自欺欺人。提醒你：儘管這條致富路徑正當合法，但它會使你走得非常辛苦，而且勝算超低。

　　這條路又可以分為兩條岔路，一條依靠才華，如勒布朗‧詹姆士（LeBron James）、碧昂絲（Beyoncé）和珍妮佛‧勞倫斯（Jennifer Lawrence）；另一條則是成為經營媒體的大亨，如泰德‧透納（Ted Turner）和梅鐸。媒體大亨之路較有可能執行——你不必擁有能傳出厲害足球旋球的天賦，或是長得像莎莉‧賽隆（Charlize Theron）般的外貌；你需要的就只有所有成功商業人士都需要的毅力、精明和運氣，且成為大亨也不受年齡限制。但是這仍無損才華之路的吸引力。

　　這兩條路偶爾會交錯——有才華的人成了媒體名人，或是反過來，媒體名人成為有才華的人（儘管這並不常見）。歐普拉（資產淨值 28 億美元）[1] 是最有錢的「才華—媒體名人」跨界者。她從新聞播報員的職涯（才華）轉去製作脫口秀節目（才華加上媒體名人），半路跑去演電影（最知名的是《紫色姐妹花》〔The Color Purple〕，這是才華）和做百老匯舞台劇製作人（一樣是《紫色姐妹花》，但是以媒體名人的身分）。這樣的跨界非常罕見。瑪莎‧史都華（Martha Stewart，資產淨值 2.2 億美元）[2] 在她的名人世界裡是有才華的人。還有，別忘了那對小雙胞胎姐妹花：瑪麗凱特‧歐森（Mary-Kate Olsen）和艾希莉‧歐森（Ashley Olsen）。我已經跟不上時代了，分不清哪一個是姊姊、哪一個是妹妹，但她們的製作公司和服飾品牌讓她們成為跨界者——每一個資產淨值都有 1.5 億美元。[3]

　　另一位近期的跨界者馬克·庫班（Mark Cuban，資產淨值32億美元）[4]，最初是媒體名人，現在已是流行文化的傑出人才。庫班除了兼具明星與做生意的優良跨界特質外，還很強悍——他毫不在乎別人對他的批評，甚至對此有種非凡的幽默感。就此而言，他是教科書等級的創業執行長（第1章）典範。庫班做過調酒師，靠著在網路時代拓荒累積財富，1995年和大學好友創辦了網路廣播電台Broadcast.com。在2000年網路泡沫破裂之前，他及時以57億美元的股票，把公司賣給了雅虎。

　　他不但賣公司的時機抓得好，他也沒等雅虎在科技股崩盤時讓股價沉船。他拿出大部分的錢，和羅斯·佩羅（Ross Perot）一起買下達拉斯獨行俠隊（Dallas Mavericks），從此不斷惹惱NBA高層。到2006年中時，庫班已經因為他在場邊滑稽的舉動與急躁的脾氣，被NBA高層罰款超過16億美元了。[5]由於曾經說過NBA經營得像冰雪皇后餐廳（Dairy Queen）一樣爛，馬克之後親自戴上了紙帽，在德州科佩爾一家分店，負責裝一整天的冰淇淋，以此謝罪。[6]

　　2000年，他和人共同創辦了媒體控股公司2929 Entertainment，同時也擔任高清有線電視台AXS的董事長一職。2007年，他參加了《與星共舞》（Dancing with the Stars）的雙人運動實境秀節目。這個節目邀請三、四線名人，與職業交際舞舞者配對，每周進行一次比舞大賽。這讓馬克有資格說，他和其他出現在節目中的名人一樣有才華（雖然這有點欺騙之嫌，他曾經當過迪斯可舞蹈老師）。[7] 如今他成了創業實境秀《創智贏家》（*Shark Tank*）的主角，想創業的候選人必須推銷他們的創業點子給他和其他「名人」投資客，在 YouTube 有許多非常有趣的剪輯影片。

我的編輯很怕我在講到庫班時，把話說得太刻薄，尤其是最後幾句，沒讓他聽起來像是很有才華的人。這倒是真的，我還沒說過他好話。嗯，我很確定情況剛好相反，我也沒說過庫班有多討人厭的話啊，要是有，他一定會喜歡的。為了讓庫班喜歡，我得狠狠罵他一頓才行。好啦，庫班，以下是只給你的話：你這個骯髒卑劣的胡扯蛋。感覺好多了嗎？至於其餘讀者，我要說的重點是：如果你已經賺大錢、成了大人物，想要嚐嚐成名的滋味，你可以從富豪變成名人，就像庫班那樣。

▍成為明星之路

所以，你要怎麼變成搖滾巨星、美式足球聯盟（NFL）職業球員，或是珍妮佛・勞倫斯呢？這條路徑必須趁早開始。如果你年過 15 而且才剛開始踢足球，你永遠都不會成為職業球員。抱歉。對演員來說，或許可以稍晚一點——18 歲——雖然很多人更年輕就開始。任何致富路徑都需要勤奮和毅力。想想一位 50 歲、在財務上很成功的執行長——他或許從離開大學就開始走上這條路，也許走了 30 年！但是，一位 35 歲的職業運動員，可能經歷一樣長的時間。老虎伍茲最知名的就是他 2 歲就開始打高爾夫了。[8] 他的父親可能比 2 歲的伍茲更享受打小白球。但是為了在 22 歲贏得高球名人賽（the Masters），2 歲就開始打，看起來是正確的。就像麥可‧喬登說的：「職業球員就是，連你不想練的時候都要練球。」

開始吧

靠才華需要趁年輕，或者年少就立志。一個胸懷大志的 35 歲新手，在好萊塢、NFL、高爾夫或任何類似領域都不會達成目標——無論做什麼。這並不是說年長的人沒有才華。凱瑟琳‧赫本（Katharine Hepburn）87 歲還在拍電影，但她也是從年輕就開始拍電影。會有奇蹟發生嗎？有，但非常罕見。葛倫克‧蘿絲（Glenn Close）35 歲才獲得她的第一個電影角色；靈魂王后莎朗‧瓊斯（Sharon Jones）40 歲才成為職業女歌手，54 歲時才首度登上排行榜。訣竅是什麼？回想一下前面說過的，這樣的機會「非常罕見」。大部分名人成名都很早。如果你還不是名人，你買這本書所花的錢將值回票價，因為現在你可以不要浪費時間，放棄考慮這條路，去看看別條路徑了。

如果你很年輕，並且下定了決心——現在該做什麼呢？練習。整天練、每天練。成功的明星很早就開始，而且超乎尋常的一心一意。小甜甜布蘭妮（Britney Spears）和大賈斯汀

（Justin Timberlake）童年時，可能就比你遇過的人都更賣力工作。職業運動員通常都過著苦行僧般的童年，天還沒亮就起床，上學前、上學期間跟放學後都在練。所以從現在起，每天清晨 5 點起床進行衝刺訓練吧。

想成為搖滾明星？那就參加教會的聖樂團，周末去養老院彈吉他，在夏天舉辦的地方市集表演。凡有表演，來者不拒，無論感覺有多屈辱。你看過《美國好聲音》（The Voice）嗎？裡面有許多歌手，從 9 歲就開始為大眾演唱。

如果你想演戲，就去演。去你當地的社區大學上課。大城市有許多選擇。上課其實只是練習的另一種說法。要自學，必讀烏塔‧哈根（Uta Hagen）的《尊重表演藝術》（Respect for Acting）和康斯坦丁‧史坦尼斯拉夫斯基（Konstantin Stanislavsky）的《演員的自我修養》（An Actor Prepares），然後是去找當地劇院、即興表演課或夏季的舞台劇演出（summer stock）。

推銷自己

要成功，你必須推銷自己，否則就會錯失表演機會。如果你成功，會有經紀公司來協助你宣傳（演藝和體育都是工會勢力強大的產業化。你得照工會的規則表演）。但你要怎麼做，才會成為一個需要經紀人的演藝人員呢？《幕後》（Back Stage）雜誌列出了各大城市的選角徵才廣告，電視、電影、配音、廣播等，應有盡有。雜誌甚至還為像你這樣的業餘人員列表！你可以搜尋 Backstage.com，並張貼你的履歷（儘管還很貧乏）。你需要大頭照（8×10 的黑白照片——找專業攝影師，或是拍照技巧很好的朋友幫你拍）和電話號碼。這些列表會告訴你試鏡需要的東西——準備好的獨角戲、口音、8 小節的百老匯歌曲。有了《幕後》，一大疊大頭照和郵資，你就準備好了。去爭取演出機會——這就看你的了。這裡指的是如何銷售自己。

到頭來，你會需要一位經紀人，他會為你找到更受矚目的工作，並從中抽取佣金。《幕後》雜誌裡也有經紀人列表。提醒你：永遠不要花錢試鏡，或是找個經紀人來看你試鏡。真正的經紀人在你開始有收入之前，是不會向你索討費用的。如果他要求預先收費，那是騙你的錢，一定是。快跑吧。總有一天，像布萊德·彼特那麼紅的時候，你可以對工作挑三揀四。但是剛起步時，如果有人付你 1 小時 7 美元讓你穿上雞偶裝跳舞，就開始跳。想對起步知道更多，整體而言《幕後》是很棒的資料來源（請先閱讀〈避免被騙〉的章節）。還有，賴瑞·葛里森（Larry Garrison）和華勒斯·王（Wallace Wang）所寫的《我的第一本表演書：演員成功指南》（*Breaking Into Acting for Dummies*）說明了演藝工作的業務面，從建立履歷到找到每一種工作，以及如何跟工會打交道。

最後，你必須加入一個工會。除非你加入，否則你無法拿到某些工作，但是加入後，你將受到工會嚴苛規定的約束。還記得 2008 年好萊塢編劇工會的罷工嗎？許多編劇可能並不想要這 4 個月的無薪假，但只要工會罷工，他們就只能休息了。

繼續顛簸前進

同樣的規則也適用於想成為搖滾明星的人：推銷自己，不管什麼工作都盡量接。走進每一家酒吧，主動提出要表演——不收錢！（但只要你獲得一位粉絲，就可以要求付錢）。自己做宣傳資料袋——一張照片、一些評論（請你媽媽寫，如果你老到媽媽無法幫忙寫，那就是你太老了），新聞剪報和一張 CD。盡量接表演，努力約經紀人。這是一場數字比賽！你能接洽到的人越多，勝算越大。

在很久以前，這一切都是為了錄音室專輯。沒別的了！如今，只要有一台像樣的電腦，差不多人人都可以做出一張 CD，人人也能在 iTunes 上買幾乎任何的單曲。你甚至能做 YouTube 影片，就像小賈斯汀（Justin Bieber）那樣。但是要大紅大紫，你不是得會寫歌（見第 8 章），就是得巡迴演唱。就連一些大咖像瑪丹娜、U2 樂團和饒舌歌手傑斯（Jay-Z，後面會再對他詳述）都放棄了傳統唱片公司，轉而和理想國演藝公司（Live Nation）簽下天價合約——歌手梅姬（Madge）1.2 億美元、傑斯 1.5 億美元。[9] 理想國演藝公司是從清晰頻道（Clear Channel）廣播集團衍生出來，擁有與營運國際間數百個音樂場館。

雖然你還談不到 1.5 億美元合約，但是你必須花費大量的時間累積經驗。所以，你如何找到一位「代為處理表演邀約」的經紀人呢？跟演員一樣！不要預付佣金。其次就是……推銷自己！處理表演邀約的經紀人，在黃頁電話簿或是你所在的地方工會有登錄。寄宣傳資料袋給他們，邀請他們來看你表演。唐納·帕斯曼（Donald S. Passman）的《關於音樂產業，你需要知道的一切》（*All You Need to Know About the Music Business*）是必讀，會帶領你找到經紀人，談判合約條件。而想洞悉這個產業，請看雅各·斯利克特（Jacob Slichter）的《想當搖滾明星嗎？》（*So You Wanna Be a Rock & Roll Star*），或是珍妮佛·崔寧（Jennifer Trynin）的《我想成為的一切》（*Everything I'm Cracked Up to Be*），也許你看完就再也不想進演藝圈了。

運動明星的生活

運動員的路徑比較明確：高中成為運動明星，被大學延攬；在大學表現優異，被職業球隊延攬。如果你無法成為高中運動明星，換一條路走。高中就直接打進一流的職業聯賽非常罕見。有些人做到了，例如柯比·布萊恩（Kobe Bryant）和勒布朗·詹姆士，但是請你不要嘗試。如果你的傷會終結職涯，至少你還有大學文憑。網球冠軍多半不走大學路線。許多籃球選手直接從高中進小聯盟，但他們當中很少能打進大型比賽。奧運體操選手的職涯通常在 19 歲畫下句點，這讓他們有時間上大學，但他們通常不會「有錢又有名」。伍茲有上大學！當然，他輟學了（和賈伯斯與蓋茲一樣），但首先史丹佛錄取了他。

職業運動員需要經紀人。國際管理集團（IMG）或許是最知名的職業運動經紀公司，旗下有許多赫赫有名的運動員。至於其他的，可以上運動經紀人目錄（Sports Agent Directory, www.prosportsgroup.com）去找。一樣，**別預付佣金！**你有收入他們才抽佣——一向如此。你的經紀人協助談出更好的合約條件，拉到贊助和登上知名麥片盒封面，這才是賺大錢的地方（就像午餐盒和作家的玩具人偶——見第 8 章）。所以，要成為職業運動員你得：（1）練功。（2）念完高中。（3）被大學延攬。（4）找到經紀人。（5）成為 Nike 的形象代言人。現在，去練更多次的全速衝刺吧。

▌沒人看見前路有坑！

才華之路充滿青春氣息，但是不可靠。你的堅持毅力與財務上的成功並沒有高度相關性。光靠才華也是不夠的。無論你是多麼有才華的演員，你找到表演機會的成功機率都不高。相關統計的數據很嚇人。根據美國勞工統計局（BLS），美國每年度通常都只有大約 7 萬份演出工作機會。不是 7 萬個演員，是 7 萬份工作（有些還是穿上雞偶裝跳舞呢）。無從得知還有

多少人在坐冷板凳。演員工會─美國電視和廣播藝人聯合會
（SAG-AFTRA，電視與電影的演員工會）的會員約有 16 萬
人，但工會也坦承，每部戲片酬超過 100 萬美元的演員，只有
大約 50 人。只有少數精英賺得比這個數字多，其餘的，根據
美國勞工統計局，時薪僅有 18.80 美元──在他們有工作接的
時候！[10] 回想一下那些戴爾電腦的廣告，頭髮蓬鬆的孩子們大
喊：「老兄，你弄到一台戴爾！」他大概連續 3 年拍了無數的
戴爾廣告──而且可能賺了不少。然後他吸毒被逮，無法再接
到演藝工作，淪落到去曼哈頓一家墨西哥餐廳托提亞公寓
（Tortilla Flats）做酒吧服務生。[11] 多年後他重返演藝圈，但那
裡早已久旱無雨。

我們就假設每一份演出工作，背後有 100 位爭取失敗的演
員（這可能還低估了）。這表示大約有 150 人自稱是「演員」，
但是他們的所得稅申報單上，卻不是這樣顯示的（大部分的收
入，都低到不必申報所得稅）。所以，如果有 150 萬個你，其
中有 50 個賺大錢，你大紅大紫的機率大約是 0.003%。你可能
只能勉強糊口，但是以時薪中位數來看，你一年賺 2.5 萬美元
的機率，遠高於地位逼近珍妮佛·勞倫斯。

音樂家面臨同樣令人氣餒的情形。接不到工作的音樂家沒
有數據可查，但很少有音樂家成為像滾石樂團（Rolling
Stones）那樣成功的案例。運動員也一樣！棒球選手勝算最
高。如果你高中入選棒球校隊，全美大學體育協會（NCAA）

說你大約有 0.45% 的機率能上大聯盟。[12] 太慘烈了！而且你還得是超級明星，才能賺進超級明星的收入。在美國職業棒球大聯盟，球員的最低收入是 50 萬美元。[13] 還不壞，但你無法靠這樣的收入致富，因為職涯不會持續很久。如果你揮棒打不到快球，試試曲棍球——成為職業選手的機率是 0.32%，但是最高收入沒有棒球那麼高。頂級的美式足球明星收入很高，但機率更低（成為職業足球員的機率是 0.08%）。籃球呢？只有 0.03%。女性更慘，高中女籃校隊隊員，成為職業球員的機率只有 0.02%，[14] 她們的球隊數量更少。這是個不公平的世界。不過整體而言，這些機率還是大於成為珍妮佛・勞倫斯。

你可能會說，「可是珍妮佛・勞倫斯拍一部電影可以賺進 2,600 萬美元！」要是有了這筆酬勞，你就不必工作一輩子。一部電影 2,600 萬——付給你的主管、會計師、體能訓練師、主廚、卡巴拉教練（Kabbalah coach①）和瑜伽指導者，帶著剩下的 1,000 萬美元，退休去吧。很好啊，可是要賺 2,600 萬，首先你得是珍妮佛・勞倫斯——而這需要趁早起步，搞不好還得跟魔鬼做交易。這就為所有通往財富之路，點出了另一項特徵！拍一部電影能拿到 2,600 萬片酬的人，才不會只想拍一部電影就退休。他們不會放棄——他們發憤圖強，堅持不懈。你必須也是這樣，我不是在嘗試勸退你，只是先提醒你。走在靠

---

① 卡巴拉是一種源自猶太教的西洋神祕學。

才華致富的路上，你或許會想要培養其他實用技能，讓你在轉換到更可靠的致富路徑時，不會那麼痛苦。

懷疑時，就創業！

　　就像我在第 1 章說過的，人人都可以創業。如果你厭倦了第 4 條路，厭倦了一直原地踏步，試試第 1 條路徑吧！

　　有一個名叫查克·麥卡錫（Chuck McCarthy）的演員，就是這樣創業的。他不知道幾歲時從亞特蘭大搬到洛杉磯，演出的角色包括在《辣妹路過》（*Hot Girl Walks By*）裡飾演「商業殭屍」，在短片《喬安的一天》（*Joan's Day Out*）裡飾演保齡球館保鑣。但是查克並不滿足於在各個試鏡空檔虛度時光。他想要賺更多錢！於是他成了洛杉磯第一位「散步陪伴者」（people walker），就是字面上的意思。有些人靠幫人遛狗賺錢，查克則是遛人，一英里 7 美元。

　　聽起來很蠢嗎？任何事物都有它的市場。就像查克告訴《衛報》（*Guardian*）＊：「我想得越多，這點子就感覺越不瘋狂……過去幾周，我幾乎每天都出門散步，而且已經有常客了，如果你要的是這個答案的話。」事實證明，很多洛杉磯人想要跟人一起散步聊天，可是跟親友的行程喬不攏。訂單很快就讓他招架不住，所以他招募了更多散步的陪伴者。紐約和以色列很快就有業者仿效，現在他已經發展出一個正式的商業模式，準備發起群眾募資。他可能會成功，成為悠閒踱步的「優步」（Uber）。

＊ 見羅利·卡洛爾（Rory Carroll）的〈我們需要跟人互動：遇見靠陪人散步維生的洛杉磯人〉（*We Need Human Interaction*':

Meet the LA Man Who Walks People for a Living），刊載於《衛報》，2016 年 9 月 14 日。

不那麼有錢有名氣

　　這條路也不是賺最多的路徑——儘管有些人靠這條路賺很多。《富比士》400 大富豪榜沒有一個是單靠才華上榜的。歐普拉不只是媒體名人。光靠才華賺最多的是泰勒絲（Taylor Swift）——據報導，她在 2016 年賺進 1.7 億美元，[15] 以她媒體名人的潛力，總有一天一定會上《富比士》400 大富豪榜。可是你看看瑪丹娜，這位拜金女孩（Material Girl[②]）明顯有什麼地方出錯了。她 2016 年的收入是 7,650 萬美元，幾十年下來，累積的財富應該非常可觀，但是她的資產淨值卻只有 5.6 億美元。[16] 以她長年的高收入來看，她財富累積得太慢了。她已經走紅 30 年，要是她一年存下 1,000 萬美元，並明智地投資，現在至少應該要有 10 億美元的資產才對。鑲鑽的緊身胸衣是要花多少錢？

　　很少有演員積攢出天文數字的財富。根據報導，麥特・戴蒙（Matt Damon）2016 年進帳 5,500 萬美元，比他的好友班・艾佛列克（Ben Affleck）多了 1,200 萬。班的前女友、斜槓的

---

② 瑪丹娜代表作之一。

珍妮佛‧羅培茲（Jennifer Lopez），2016 年的年收入則是 3,950
萬美元。[17] 這些人跟你所理解的一樣大咖，但如果連瑪丹娜都
無法晉升最富裕的階級，那他們也不會。

一條短暫、不穩定、沒隱私的路徑

　　況且，才華之路起伏無常，就算爬得上去也容易跌下來。
你發展得好不好，取決於你的上一齣電影、上一首熱門歌曲，
或上一支全壘打，而明星的生活方式容易使人自我毀滅。我毋
需多言，看新聞就知道。同儕壓力、吸毒、離婚……這些都是
自我毀滅的燃料，而且無益於累積財富。還有——沒有隱私。
這些明星就是無法出現在公開場合卻不吸引大批民眾，讓他們
的人身安全處於危險之中。不信嗎？我有朋友試過在凌晨 3 點
跟琥碧‧戈柏（Whoopi Goldberg）去當地的便利商店。他們得
為了安全躲開狗仔隊，而且琥碧‧戈柏還不算是經常在小報亮
相的常客。

　　如果你沒自己搞砸，你的助手可能也會。拳王泰森（Mike
Tyson）指控他的經理人唐‧金（Don King）對他的資產管理
不善，最終雙方以 1,400 萬美元和解。[18] 金先生或許不是泰森
資產最明智的保管者，但是泰森也以他極端的生活方式而知
名，把錢搞丟，這兩雙拳頭都有責任。童星非常脆弱，因為他
們需要恪守道德規範的父母和道德管理。蓋瑞‧高曼身為童星
（Gary Coleman，從 1980 年代演出《小淘氣》〔 Diffrent Strokes 〕

算起）就至少賺進了 800 萬美元，大多數以管理費的名義進了他雙親的口袋，[19] 他後來提告而且勝訴，但拿回資產並未讓他免於破產，以及不幸早亡。科里・傅德曼（〔Corey Feldman〕，從 1980 年代就發表一系列熱門歌曲，包括《站在我這邊》〔Stand by Me〕）同樣淪為被剝削者——他的家人只給他留下了大約 4 萬美元。[20] 剝削式管理還不是全部，一大堆有才華的人並未長期維持領先地位。麥考利・克金（Macaulay Culkin③）如今人在何方呢？在這條路上，你起步要趁早，成名要趁早，然後還要堅持不懈。

　　好萊塢要求年輕和俊男美女。職業運動員要求健康的關節。就連音樂產業都對年長者不利。工人皇帝史普林斯汀（Springsteen）、U2 和瑪丹娜還在推銷熱門歌曲和巡迴演唱。搖滾樂團佛利伍麥克（Fleetwood Mac）所有團員都超過退休年齡，2015 年還進行了逾 7,500 萬美元的巡迴演出。[21] 他們全都還很紅，但也差不多就這樣了。上了年紀的演員都是名人，但是跟電視上無數的年輕小鮮肉相比，還是少得可憐。鈴木一朗（Ichiro Suzuki）是棒球巨星裡的資深前輩，但他的職涯已經來到遲暮之年。很少有職業運動員四十幾歲還處於巔峰狀態。男演員比女演員容易一點。哈里遜・福特（Harrison Ford）、連恩・尼遜（Liam Neeson）和丹佐・華盛頓（Denzel Washington）

---

③ 演出《小鬼當家》（Home Alone）系列電影的童星。

依然被認為有男性魅力。但年紀大的女演員沒有這種待遇！海倫·米蘭（Dame Helen Mirren）的年紀跟連恩·尼遜可能比較匹配，但是她不可能獲得在電影裡跟他談戀愛的卡司。蜜雪兒·菲佛（Michelle Pfeiffer）也一樣，她依然很美，但現在拿到的角色是家裡的女主人，不再是談戀愛的角色。跟運動員一樣，飾演主角的女士們，通常四十幾歲就處境艱難了。本書第1版對卡麥蓉·狄亞（Cameron Diaz）著墨甚多。你上一次看到她領銜主演的鉅片是什麼時候了？曾經嶄露頭角的年輕女演員凱特·哈德森（Kate Hudson）、莎拉·蜜雪兒·吉蘭（Sarah Michelle Gellar）和潔西卡·艾芭（Jessica Alba）都在三十幾歲時創業，這絕非偶然──第一條路徑比起生活在螢光幕前，更賺錢也走得更長遠。這些女士夠聰明，看懂了這一點。

　　致富的成功率低到離譜，還有各種方式讓你毀了自己（或是假冒是你搭檔的人讓你毀滅自己），你確定還要繼續走這條路嗎？如果你還是堅持要走，那除了你自己，沒人能阻止你。

▌漫談大亨

　　財富與名氣兼得有一條更可靠的路徑，是成為媒體大亨。大亨跨足媒體與娛樂圈。他們擁有攝影棚、有線電視公司、聯播網、唱片公司、雜誌，也許還擁有球隊。大亨甚至拍電影、做音樂。跟有才華的人相比，大亨更有錢。《富比士》400大富豪榜上，盡是媒體大亨：

▶ 麥可・彭博，彭博傳媒公司創辦人，與前紐約市市長
（資產淨值 450 億美元）。

▶ 查理・厄根（Charles Ergen），艾柯斯達（EchoStar[④]）
創辦人（資產淨值 147 億美元）。

▶ 梅鐸，新聞集團董事長（資產淨值 111 億美元）。

▶ 大衛・格芬（David Geffen），格芬唱片公司（Geffen
records）創辦人和夢工廠（DreamWorks）的共同創辦
人，大學中輟，做過收發郵件的職員，是柯林頓夫婦
早期的友人（資產淨值 67 億美元）。

▶ 薩莫・雷石東（Sumner Redstone），擁有維亞康姆傳媒
集團（Viacom）和哥倫比亞廣播公司（CBS）過半股
權；他曾經公開斥責湯姆・克魯斯（湯姆・克魯斯可
能活該被罵）（資產淨值 47 億美元）[22]。

這份名單還可以不斷列下去——喬治・盧卡斯（George
Lucas，資產淨值 46 億美元）、史蒂芬・史匹柏（Steven
Spielberg，資產淨值 37 億美元）等等。你明白的。單靠「才
華」無法成為富豪中的佼佼者，但是很多媒體大亨卻可以。賺

④ 美國第 2 大直播衛星營運商。

更多、機會更可長可久！梅鐸 85 歲了，格芬 73 歲了依然神采奕奕，兩位都還處在全盛時期。這需要恆毅力、決心和商業敏銳度，但不需要珍妮佛·勞倫斯的美麗或青春。

儘管我已經列出了這些大人物中的最大咖們，但顯然也有大量的小巨頭。想想我的朋友吉姆·克瑞莫（Jim Cramer，估計資產淨值為 5,000 萬美元至 1 億美元）[23]——說起來也有點年紀了（換言之，年紀比珍妮佛·勞倫斯大），他利用「打理別人的錢」路徑的成功（見第 7 章）創辦了財經網站 TheStreet.com，然後靠著媒體影響力成為了名人。你擺脫不了吉姆，他出現在電視上、書上、到處都是他。他那充滿活力、不拘一格的電視節目讓他成了貨真價實的明星。但吉姆不是從那裡崛起的。遠在 TheStreet.com 出現前、在他的對沖基金成立前、在他進高盛前、在他完成哈佛法學院學業之前，他是一名記者，報導加州名聲狼藉的兇殺案——帶著小斧頭和槍保護自己。[24] 吉姆多才多藝，在成為媒體大亨與明星之前，已經在許多路徑都取得成功，但不算是超級成功。重點是：你不必大紅大紫，就能有所成就。

你可以起步很小，慢慢發展。看看今天有線電視台有幾個頻道——500 個！搞不好更多！隨著越來越多的美國人逃離稅率高的州、搬到徵稅沒那麼苛的州，地區性的廣播、新聞與娛樂需求也會越來越高。但是要注意：要在媒體上混得好，你需要商業技能。去讀第 2 章看如何經營事業，以及第 7 章的私募股權。買下夠小的區域性媒體公司，你將成為不可忽視的力量。

從錯誤到成為媒體大亨

在此，真正的重大錯誤只有一個——沒有多角化經營。有個絕佳例子是那些專心經營紙媒的人，是怎麼觸礁的。報紙曾經很夯，但如今已經不是這樣。是的，梅鐸買下《華爾街日報》（*Wall Street Journal*）猶如在買玩具。但是翻開《富比士》400 大富豪榜，你會學到很多教訓。其中之一是：現在經營紙媒是賠錢的。

過去不盡然是這樣。威廉・藍道夫・赫茲（William Randolph Hearst）的財富孕育出好幾代富裕的赫茲家族，而且讓年幼的派蒂・赫茲（Patty Hearst）在 1974 年因為被綁架而成為名人（和第 7 章的愛德華・蘭伯特〔Eddie Lampert〕一樣，但是蘭伯特處理得比較妥善）。創立普立茲獎的喬・普立茲（Joe Pulitzer）打造了一座帝國。塞繆爾・紐豪斯（Si Newhouse）也是，他的財富在他過世後持續累積，因為他深謀遠慮，在紙媒之外多角化經營。

紐豪斯過去是、現在也依然是紐約市名人——史坦頓島（Staten Island）的渡輪上印著他的名字。[25] 他 13 歲就開始養家，接手他的第一家報社《巴約納時報》（*Bayonne Times*）時才 16 歲（雖然媒體大亨不需要，但是他起步很早，和珍妮

佛·勞倫斯一樣早！）紐豪斯在 1922 年、時年 27 歲時，首次
買下第一家報社《史坦頓島先進報》（*Staten Island Advance*），
花了 9.8 萬美元，他持有這家公司一輩子。[26]

　　儘管紐豪斯事業非常成功，但他只創辦過一份全新的報
紙。他專門收購貧困潦倒的報社，然後在某個領域很快扭轉頹
勢，讓報社突然好轉。紐豪斯是個財務上完全不必外求的
人──這是任何創業執行長的明智抉擇（見第 1 章）。他把所
有的盈餘都拿來再投資，很有成本意識，而且力抗工會，因為
工會會增加經營成本，並不利產品品質。有一度，紐豪斯的媒
體帝國是全美第 3 大，前面只有赫茲和斯克里普斯─霍華德
（Scripps-Howard）的媒體集團。然後他多角化經營──把觸角
伸向電視、有線電視、廣播與雜誌。當紙媒開始衰退，他沒跟
著一起倒下。

　　他在 1979 年過世，留下先進出版公司（Advance
Publications Inc）給他的兩個兒子，旗下有 6 個電視台、15 個
有線電視台、幾個廣播電台、掛上康泰納仕（Condé Nast）出
版集團標誌的 7 個雜誌品牌，還有 31 種報紙，以及《史坦頓
島先進報》。當然還有很多現金。

　　附註：把事業打造得很成功的人，通常不會有事業成功的
第二代，也許生活對他們來說太愜意了，但紐豪斯的後代並不
紈褲。賽繆爾和唐納持續打造帝國，又增加了備受矚目的雜誌
品牌，包括《紐約客》（*The New Yorker*）、《時尚》（*Vogue*）、《浮

華世界》（*Vanity Fair*）和《美食家》（*Gourmet*）。[27] 他們是少數從富豪榜發行以來（1982 年），年年都登上《富比士》400 大富豪榜的人——非常難以達成的成績。如今他們資產淨值各有 105 億美元。[28]

　　紐豪斯帝國蓬勃發展，全因它多角化經營，沒有單單押注報紙。現在你找不到辦報致富的大亨了。大型報社已經因為免費的網路新聞而凋零。地方小報則因分類廣告被 eBay 與分類廣告網站 Craigslist 侵蝕而更加凋敝。教訓：別集中經營媒體的某一塊領域，要多角化經營，經營所有媒體。

更時髦的媒體名人路

　　現在做什麼比辦報更好？唱嘻哈！現今極賺錢的行業。而且嘻哈歌手的生意看起來都非常多角化經營（注意：就像我們純靠才華的朋友，嘻哈名人之路成功機率非常之低。要趁早起步並拿到大學學位，以防萬一成不了名）。

　　吹牛老爹尚恩‧庫姆斯（Sean Combs）創辦了壞男孩（Bad Boy）——一座旗下有唱片公司、服飾品牌、電影製片公司和餐廳的媒體帝國。他身兼表演者、音樂與電視製作人、作家身分，甚至在百老匯中演出過。在 2016 年，他創辦的事業為他賺進 6,200 萬美元，而他的資產淨值則逼近 7.5 億美元。[29] 羅素‧西蒙斯（Russell Simmons）是另一位和吹牛老爹一樣多角化經營的嘻哈企業家，估計資產淨值有 3.25 億美元，他的財富建立在兩家唱片公司和一個服飾品牌[30]（嘻哈大亨們似乎都有自創服飾品牌）。

安德烈・羅梅勒・楊格（Andre Romelle Young，他的藝名德瑞博士〔Dr. Dre〕更廣為人知）在 2014 年以稍微不同的路徑，加入了嘻哈大亨的精英圈子。和所有優秀表演者一樣，他在 1996 年自己開了唱片公司，名叫餘波娛樂（Aftermath Entertainment）——至今還是執行長。但真正大撈一筆的那一天，卻是在將近 20 年後。2008 年，德瑞提議他和唱片製作人吉米・艾歐文（Jimmy Iovine）一起成立一個球鞋品牌。根據傳聞，艾歐文回他：「做什麼球鞋，我們來做揚聲器吧。」他們那聽起來真的很棒的無線頭戴式耳機，很快就風靡全球。蘋果在 2014 年花了整整 30 億美元買下 Beats，德瑞淨賺了 5 億美元。[31] 他在 2015 年又賺進 3,300 萬美元，[32] 部分來自他製作的嘻哈團體 NWA 傳記劇情片（以及他的）人生故事《衝出康普敦》（Straight Outta Compton）。如今他資產淨值 7.1 億美元，和吹牛老爹一樣，成為億萬富豪的潛力很高。[33]

名單上另一個成功的人物是肖恩・科里・卡特（Shawn Corey Carter，他曾經刺傷某人的胃被起訴，判了緩刑 3 年），即饒舌歌手傑斯。[34] 在生涯剛起步的時候，傑斯很聰明地努力跳過所有中介人——唱片公司、經銷商、經理人、製作人，為自己保留更多。這個策略奏效了，而且得到回報——大得不得了。在他還默默無聞時，就跟朋友一起開了自己的唱片公司

Roc-A-Fella Records。1996 年，他們發行了傑斯的第一張唱片。他以這種方式，成為典型自食其力的創業執行長。隨後他創立超級受歡迎的服飾品牌 Rocawear，他在 2007 年以 2.04 億美元賣掉了這家公司。儘管他出售了這個服飾品牌的各種權利，但仍占有股份，也依然指導這家公司的行銷、產品研發和授權。[35]

和所有傑出的媒體大亨一樣，收入來源是多樣化的。他是 Def Jam 和 Roc-A-Fella 兩家唱片公司的執行長。他自己有成功的音樂職涯和流行服飾品牌。他擁有持續擴張中的連鎖運動俱樂部 40/40 俱樂部（40/40 Club）。他參與電影製作，大量進帳可觀的代言、專利權、版權，他還管理其他藝術家。（他們自稱是藝術家，儘管你看不出他們做的東西有多愛好藝術）。他做過百威啤酒（Budweiser）的代言人，也是安海斯—布希（Anheuser-Busch⑤）的行銷顧問。就像所有真正的大亨，他買下一支球隊——他擁有 NBA 布魯克林籃網隊（Brooklyn Nets）的一些股份，不過在 2013 年他設立體育明星經紀公司搖滾國度（Roc Nation）後，就把股份賣掉了。現在他在 Tidal 等待時機，這是他在 2015 年（帶著一群音樂家組成的財團）接掌的音樂串流服務公司。《富比士》預估他 2016 年的收入是 5,350 萬美元，[36] 資產淨值則是 6.1 億美元。[37] 電影明星們，你們就

---

⑤ 曾是美國最大啤酒製造商，現已跟百威英博集團合併。

流口水吧。

　　以他製作、經營、收購、設計和創作的速度，只要他不再被控刺傷任何人（可能性不高，他的妻子碧昂絲和女兒布露·艾薇·卡特〔Blue Ivy〕會阻止他），他應該很快就會登上《富比士》400 大富豪榜。就像我對馬克·庫班的評論，我的編輯很怕我提及刺傷人的事，認為這樣是在貶損人、顯得我氣量狹小，也可能讓你，我的讀者，看得很煩。如果我在介紹傑斯時沒提及刺傷事件，對他才是真正的冒犯，因為他把這件事宣傳成是他真誠的嘻哈實況的一部分。不過，走在這條路徑上，如果你想要嘗試捅人，你可能會需要像鯊魚皮般堅韌的皮膚。

　　你還需要明智的財務規畫。柯蒂斯·詹姆士·傑克森三世（Curtis James Jackson III，藝名 50 分〔50 Cent〕，但發音是 Fiddy Cent）一度看起來功成名就，登上了饒舌大亨的名人堂。他的 G-Unit 品牌擁有該有的一切──唱片公司、服飾品牌、球鞋和許多授權的權利。在 2004 年，他成為運動飲料品牌 Vitaminwater 的代言人，這基本上是一種被炒紅的人工酷愛飲料（Kool-Aid，添加維他命來獲得額外的聲望）。但他沒照常規收現金，反而入股 Vitaminwater 的母公司 Glaceau，這讓他在 2007 年可口可樂以 41 億美元買下這家公司時，拿到可觀的報酬，使得他的資產淨值一下子躍升到逼近 5 億美元，將他拱上前進《富比士》400 大富豪榜之路。[38] 但這只是曇花一現，2015 年他申請破產──對首張唱片名叫《要錢不要命》

（*Get Rich or Die Tryi*）的人來說真是諷刺。[39] 稍有不慎，財富再多也會轉眼成空。

▌讀出你的名氣之路

想要成為媒體大亨，你應該翻到第 1 和第 2 章講如何擔任執行長的地方，讀裡頭列的書單——同樣的教訓對媒體大亨也一樣適用。對於想要單靠「演藝事業」致富的人，試試本章前面提到的書，以及以下的：

► 《選角》（*Audition*），麥可‧舒特勒夫（Michael Shurtleff）著。這是寫給現役演員的書，作者實際做過節目與電影選角，非常清楚這個產業。你要成為演員的第一站，就在這裡。

► 《經紀人大爆料》（*An Agent Tells All*），托尼‧馬丁尼茲（Tony Martinez）著。要演戲還是投入任何「娛樂」領域，你需要一位經紀人。本書給你珍貴的各種捷徑，出自一位懂內情的人的手筆。

► 《驚爆好萊塢內幕》（*Swimming with Sharks directed*），黃喬治（George Huang）製作。這不是一本書，這是想勇闖好萊塢的人必看的電影。如果你沒有充分又深刻的動機，這部電影可能會打消你成為的藝人的痴迷念頭。

▶ 《重返豔陽下》（*It's Not about the Bike*），蘭斯·阿姆斯壯（Lance Armstrong）與莎莉·傑金斯（Sally Jenkins）合著。覺得自己處境艱難嗎？想像你被告知 25 歲就會死。如果你認真打算成為職業運動員，讀一讀阿姆斯壯的故事，看看你有沒有他這樣的恆毅力。別因為阿姆斯壯後來承認使用類固醇就放棄此書，他戰勝癌症的心理與肉體掙扎，依然真實。

 名利雙收指南

　　這是最艱苦的一條路。對所有成功找到正確方法的人來說，身後有成千（或上萬）的人殞落和熄火。但富有和成名的報償依然誘人，所以人們照樣前仆後繼。這是一種美國夢——其頂點是在馬里布（Malibu）有房子，並雇用保鑣，保護你花了數十年拚命放棄的隱私。

　　但還是有一些步驟，能提高你成為有錢又有名的明星或大亨的勝算。這不容易。不然我們人人都會是珍妮佛·勞倫斯了。

如何成為有錢的明星

1. **起步要趁早**。各種類型的明星，幾乎都起步很早，並堅持不懈。極少數比較晚（近 30 歲或以上）被「發現」，幾乎從很小就開始辛苦受訓。

2. **要有盡責的父母與／或經紀人員。** 沒在二十幾歲崩潰的明星，似乎都有相當盡責的雙親，以及／或有操守、負責任的經紀人。缺乏父母或長輩指引的明星通常會一再的「重新振作」。有好的父母，你就是娜塔莉・波曼（Natalie Portman）；沒有的話，你就是八卦小報的悲劇。

   如果經紀人中飽私囊，明星們也可能發現自己埋頭苦幹卻口袋空空。比照雇用任何專業人士，你的經紀人必須有可資證明的資歷和透明的收費（創新藝人經紀公司〔Creative Artists Agency〕和奮進集團控股公司〔William Morris Agency〕是最大也最受推崇的兩家藝人經紀公司）。

3. **對自己負責。** 靠電影或唱片而賺大錢並不重要，因為幹蠢事或吸毒，就會一敗塗地。我不必列舉近乎無窮無盡的明星例子，他們不但對俗氣、不雅的玩意揮金如土，對毒品、律師等等也是。

4. **理解你將需要多少錢。** 如果有擬好預算，明星花在律師上的錢，不太可能跟珠寶鑽石一樣多。一部電影賺進 1,000 萬美元，不代表你可以一年花 150 萬美元，不信去問 50 分。就算你拿到世界盃冠軍，這個規則也同樣適用。因為明星之路很短命，明星們必須了解，他們需要累積多少財富，才能支應自己、家庭、最初的幾位太太、最初幾段婚姻的孩子，以及一群女朋友的生活所需。如果你需要司機、保鑣、廚子、女按摩師和瑜伽指導者來做你的正式員工，要確保你的年支出不會超過你累積的流動資產總額的 4%。超過的話，你可能不得不少花一點。

5. **談出好的合約條件。**如果你可以的話。
6. **一再重複。**「一片歌手」有美好的報償，成為 15 分鐘的鎂光燈焦點，但除非他們能把名氣「年金化」（見第 8 章），否則一張專輯大賣也無法吃一輩子。一片歌手應該思考並閱讀本書的其他章節。

如何成為有錢的大亨

1. **了解市場。**你或許覺得你擁有最新科技、最佳的節目編排與製作和最熱門的內容，但萬一你的目標觀眾不感興趣，那就會是最新、最佳與最熱門的失敗作品。成功的大亨「瞭」市場要什麼，總能猜對市場會如何演變。他們知道何時該製造揚聲器，而不是運動鞋。

2. **低買高賣。**像私募股權公司一樣思考。塞繆爾·紐豪斯並不在乎買下受關注的資產，你也不該在乎。看出成長的機會，然後投資。但記住，有時新興市場從不興起，它們只會沉沒。受關注不盡然會轉化成高獲利——不信去問《紐約時報》。

3. **多角化經營。**媒體瞬息萬變，科技日新月異。很難知道 2 年後的媒體會發展成什麼模樣，更別說 10 年後了。觸角廣泛的多角化經營大亨，正處在從趨勢變化中獲利的絕佳位置。只要你夠廣，就可以走得更長遠。

如今最成功的大亨們都接觸電視、有線電視與衛視、廣播、電影與網路，還有傳統的紙媒。

4. **買支球隊**。就算跟傑斯一樣只買了 1%的十五分之一。不知道這為什麼很重要，但你非買不可，因為這是躋身大亨的要素之一。

CHAPTER
05

和好對象結婚

瑪麗蓮夢露（Marilyn Monroe）在電影《紳士愛美人》
（*Gentlemen Prefer Blondes*）中問道：「你不知道富翁就像美女嗎？你不會只因為漂亮就娶她，可是天哪，難道美貌沒推上一把嗎？」

看起來很荒唐嗎？那麼這不是適合你的路徑。不如這麼看好了：你不會跟外表令你反感的人結婚，那為什麼要跟在財務上令你反感的人結為連理呢？如果錢打動了你，那就在有錢人裡物色對象。如果你不喜歡這個見解，那也無妨，就把機會留給那些可以接受的人吧。

在今天，為錢結婚經常受到責難。但是跟好對象結婚不是什麼新奇的事，它是文學與神話的原型──美麗的農家女嫁給了真誠的王子。在歐洲，以往婚姻都是溝求門當戶對。跟家世顯赫的人結婚會得到掌聲，反之則是失敗。由於財務與一些技術上的限制，以往人們在有限的圈子裡流動。他們在自己的社交圈裡擇偶，或是由家族從圈外挑選配偶。

　　一直到近期，自由選擇婚配對象才變得普遍，也為另一條致富路徑鋪路。無論對錯，和有錢人結婚都讓人有種不合宜的感覺。然而，在小說《傲慢與偏見》（*Pride and Prejudice*）中，我們為女主角擄獲了有錢的達西先生（Mr. Darcy）的心而喝采，但放到現今，她可能會被說成是在「釣金龜婿」、不該這麼做。

　　先提醒你：不論是男是女，為錢結婚都可能會很艱辛。我們家有位女性友人，她年輕又繼承了一筆可觀的遺產。她嫁給一位英俊、活力四射的年輕人。一切看起來都很美好──孩子和一切。那他是為錢結婚的嗎？誰知道！我們確實知道他向她借錢創業，取得了一定的成就，最終以 500 萬美元賣掉了公司──這讓他在財務上能夠獨當一面。而就在公司確定賣掉的那一晚，在慶祝晚宴上，她宣布要離開他，為了投向她獨木舟教練的懷抱。真是響亮的一計耳光啊！她喜歡當老大。他的功成名就惹惱了她，她報了仇並找了一個新玩伴。為了給她好看，他也開始跟**自己的**獨木舟教練交往。真實故事。當我們追求金錢而甚於愛情，這條路可能會走得崎嶇不平。

　　是的，為錢結婚未必能夠順利，可是整體而言，只要是婚姻都未必能夠順利。離婚率無論在哪裡都很高。不過，沒有證據顯示跟富人結合的婚姻，離婚率高於整體的離婚率。如果你做對了，你可以做很多事來增加你的勝算。最基本的建議：跟有錢人結婚超讚的，但你必須確定你會善待這個對象，而這個對象也會善待你。錢不可能取代愛，但可以錦上添花──就像蛋糕上的糖霜。

你可能會嗤之以鼻，但這條路確實是正當又正派的致富路徑。在《華爾街日報》2007 年的調查中，有三分之二的婦女表示她們「非常」或「極度願意」為錢結婚。不光是婦女，調查中有一半男性表示，他們也願意為錢結婚。有意思的是，二十幾歲的女性對離婚的預期最高（71%），對離婚要求的金額也最高（250 萬美元）。[1]

我再次強調，跟有錢人結婚不代表婚姻不美滿。我的曾祖父菲利普一世・費雪（Philip I. Fisher）一輩子都為李維・史特勞斯（Levi Strauss）工作──這個人和這家公司。我的祖父亞瑟・費雪醫師（Dr. Arthur L. Fisher，我在 2007 年出版的《投資最重要的 3 個問題》對他有詳細的介紹）是為錢結婚的直接受益者，我也是。他的姊姊卡洛琳（Caroline）在 19 世紀公然為錢結婚（透過我曾祖父的介紹）嫁給了追求她的李維・史特勞斯的有錢親戚亨利・薩林（Henry Sahlein）。典型的 19 世紀婚姻，她在婚後才開始愛上他。當時的做法就是這樣。他對她慷慨大方，而她則把錢拿回娘家，包括讓她的弟弟（我的祖父）讀完醫學院，並供應我父親讀完大學。要不是她為錢結婚，我敢肯定我的青春期會過得更辛苦。我是連續三代的受益者。數十年來，我們家族都舉辦感恩節晚宴，這是卡洛琳從

1920 年代開始的，後來由她的孫女們接手。我幾乎年年都參加，並感謝卡洛琳為錢結婚。如今，唯一的差別只在於你想在婚禮誓詞之前建立感情基礎而已，否則同樣的原則也適用。

如何跟百萬富翁結婚

首先，你如何找到一個合適又多金的情人？其他的事——談戀愛、說服他們跟你結婚、你跟他們結婚、婚前財產協議書等等，都之後再煩惱吧。第一步，是找到有錢人。他們並非到處都有，到 2013 年為止，只有 1%的美國人收入逾 42.8 萬美元。[2] 這對你來說，可能不夠有錢。收入最高的 0.1%賺超過 190 萬美元[3]——這才像話嘛。不過，這 0.1%只有大約 30 萬人，且許多都已經結婚（儘管這對要走這條路徑的某些人來說不是問題，因為不管怎樣，很多人可能很快就離婚了）。

為了強調光是找到合意的有錢情人有多麼重要，我再說個故事。我認識一個有 3 億美元流動資產的傢伙——他是創業執行長，已經賣掉他的公司。他 55 歲，逍遙自在，是單身漢，沒結過婚、沒有小孩，無憂無慮。他物欲不重，穿著簡單、開福斯汽車，不在乎奢侈享受。他本來持有股票和債券，但每次股價波動，都令他激動到去撞牆，所以最後他把所有資產都轉換成債券了。我過去常在客戶研討會上提到他，證明為什麼有些人需要股票，有些人不需要。他的錢遠多於他的所需，不需要來自股票的更高報酬，而且股市的波動令他不安，而債券讓他感到舒坦。我後來不再舉他為例，因為每每一提，就會有一些單身女士在會後等我或是打電話給我，問我要怎麼跟他聯絡。這可是真實故事！她們總會出沒在理財研討會上，錢在哪裡她們就去哪裡。她們的想法很好。她們並不是要嫁給他、偷偷接近他之類的，只是要找到他。那麼，你要怎麼找到他／她呢？

地點、地點、地點

要擄獲有錢的伴侶，最重要的戰略跟房地產一樣，都是**地點、地點、地點**。有些地點，你碰上有錢人的機率會更高。如果這是適合你的路徑，就去吧。去哪裡？看看《富比士》400大富豪榜。你不必把目標設定得這麼高，但這是一份很好的財富地圖。《富比士》的官網（www.forbes.com）上有一張美國地圖，顯示最有錢的人住在哪裡——這是把哪裡有更多有錢人居住，近乎完美的視覺化。如果某一州億萬富翁的百分比很高，可以很放心地假設，賺500萬美元、2000萬美元、甚至2億美元的人，會有類似的集中度。他們群居在一起，因為他們產生財富的來源，基本上是一樣的。

直至2016年，《富比士》400大富豪榜上，人數最多的州都是加州——有90個，占比是23%。紐約州次之，69人——幾乎都在紐約市（54人）。佛州（40人）和德州（33人）也很多。這些都是大州，有很多有錢人也很合理。要是算人口平均數，將會是懷俄明州，每 11.6 萬人就有一個億萬富翁（這是當然的，懷俄明州只有 58 萬人口，用來當分母的人數比較少）。下一個？蒙大拿州！每 25.6 萬人就有一個億萬富翁。南卡羅來納州最差，每 480 萬人才出一個。不過，還是贏過德拉瓦州、愛達荷州、緬因州、密西西比州、新墨西哥州、佛蒙特州和西維吉尼亞州，這幾州連一個上榜的富豪都沒有。[4] 沒有超級富豪，可能代表普通的有錢人更少，所以離開這些比較窮的地方，搬到有錢一點的州吧，那可是有錢人會出現的地方！邁出簡單的第一步。

注意當地法令

由於離婚率到處都很高，你在**共同財產制**（community property）的州結婚，會比在**分別財產制**（common law）的州更保險。大部分的州都是夫妻分別財產制——總共 41 州，表示配偶各自擁有完全獨立的法律與財產權。聽起來好極了，但你的目標是跟好對象結婚，你始終都有被甩的風險！我並不是鼓勵你結婚時就預期會離婚，但你結婚時要充分理解，有錢人難逃高離婚率的風險，而你該為此做好準備。

在夫妻分別財產制的州，分配財產時，你通常會受制於知名的「財產公平分配」。公平？聽起來很正當，對嗎？然而「公平」是法官說了算。當你進入訴訟程序，為此你必須檢閱

最有可能與最不可能捕獲有錢美國人的地方

想知道有錢的美國人都住哪裡嗎。以下清單能讓你找到
《富比士》400 大富豪榜成員最多跟最少的地方。

最多的地方	最少的地方
1. 懷俄明州（每 11.6 萬人就有一個）	阿拉巴馬州（0 個）
2. 蒙大拿州（每 25.6 萬人就有一個）	德拉瓦州（0 個）
3. 紐約州（每 28.7 萬人就有一個）	愛達荷州（0 個）
4. 內華達州（每 31.5 萬人就有一個）	緬因州（0 個）
5. 加州（每 43.1 萬人就有一個）	密西西比州（0 個）
6. 康乃狄克州（每 45 萬人就有一個）	新罕布夏州（0 個）
7. 佛羅里達州（每 49.7 萬人就有一個）	新墨西哥州（0 個）
8. 威斯康辛州（每 64 萬人就有一個）	北達科他州（0 個）
9. 奧克拉荷馬州（每 77.6 萬人就有一個）	佛蒙特州（0 個）
10. 華盛頓州（每 78.5 萬人就有一個）	西維基尼亞洲（0 個）

資料來源：美國普查局（www.census.gov）；2016 年《富比士》
400 大富豪榜（《富比士》，2016 年 10 月 6 日）

第 6 章，並回想訴訟有時會變成誰比較受歡迎的競爭——雙方都在爭取法官的支持。如果法官判定你是壞人（例如本章稍後會提到的海瑟‧米爾斯‧麥卡尼〔Heather Mills McCartney〕），你最後可能會拿到很少。而當你是為錢結婚時，你那更有錢的配偶，應該有能力花錢買到更好的法律建議。有太多不確定性了。要對抗不確定性，你可以利用嚴格的婚前財產協議書，或是到別處去找有錢的另一半。

　　例如，亞利桑那州、加州、愛達荷州、路易斯安那州、內華達州、新墨西哥州、德州、華盛頓州和威斯康辛州都實施共同財產制。在這些州，配偶通常能拿到婚姻期間 50%的收入與購置的資產——即便一方賺很多，另一方收入一毛都沒有。夫妻的債務也均分，但如果你這條路走得正確，應該不會波及到你（各州法令都不相同，所以你要查一下你所在州的國稅局：http://www.irs.gov/irm/part25/ch13s01.html）。

　　有一個通則（當然，也會有許多例外）是，共同財產制的州對婚姻中比較窮的那一方有利，對比較有錢的那一方不利。不過先提醒你：當一個剛結婚的有錢人要從加州搬到喬治亞州時，他可能會先離婚；但是搬到另一個共同財產制的州則沒問題。我最近說服了我結褵 46 年的太太從加州搬到華盛頓州——從共同財產制的州搬到共同財產制的州，所以她知道這不是為了離婚計畫。想想這問題吧。

只在共同財產制的州結婚

　　大部分的州都是分別財產制——夫妻兩造是獨立的，所以收入也分屬兩方。共同財產制的州認為婚姻期間的收入與獲得的資產由雙方平分共享。婚要結得好，在這些共同財產制的州結，或許最保險：

▷ 亞利桑那州
▷ 加州
▷ 愛達荷州
▷ 路易斯安那州
▷ 內華達州
▷ 新墨西哥州
▷ 德州
▷ 華盛頓州
▷ 威斯康辛州

資料來源：美國國稅局（IRS）

跟著錢走

　　下一步，為了提升你的勝率，請把你的職業和社交活動聚焦在有錢人身上。如果你從事金融或投資業（93 位億萬富翁），你會比身在電信業更有機會接觸到有錢人（1 位）。服務業還行（18 位）——也許找份管理顧問的工作吧。前進矽谷，在科技池裡游泳（55 位），或是前往紐約與好萊塢，去擄獲一位媒體或娛樂大亨（29 位）。如果你投入環保事業，那很不巧——一位都沒有，但是石油與天然氣產業有 25 位億萬富翁。[5] 超級富豪做很多慈善公益，但如果你攻擊他們財富的源頭，他們應該很難對你有好感，所以不宜在綠色和平組織（Greenpeace）的聚會上邂逅。但你可以成為某些理念的志工，例如自由貿易、抗瘧疾的蚊帳或是為全球兒童施打疫苗（非常沒有爭議）。

要是你受得了，共和黨和民主黨的活動是認識有錢的晚宴捐款人的好地方。這兩黨都不斷舉辦許多活動，來吸引與維持他們富人捐贈者的來源（這兩黨的規模和銀彈都不相上下，但特點是來有點互相衝突的產業部門。例如石油業者更可能是共和黨人，原告律師更可能是民主黨人）。

這些活動多半在大城市與首都辦得最好，理由顯而易見。不具政治優勢的社會慈善活動也很類似，而且到處都有舉辦。就像你在有錢的州（例如加州或內華達州），會比貧窮的州（例如西維吉尼亞州或南卡羅來納州）更有機會找到有錢的另一半，如果你自願加入正確的社會或政治聚會，你也比較有機會認識他們。

重點真的是對的場合，對的時機。如果不是在華盛頓為微軟工作，梅琳達・蓋茲（Melinda Gates）絕對不會認識比爾・蓋茲。因為他一直都是工作狂，對他來說，在辦公室以外的地方發現真愛很奇怪。大部分的超級有錢人都是這樣，他們沉迷於他們所做的事，你得去他們所在的地方。

另一個絕佳場合是免費的投資研討會。要選那些鎖定高淨值投資人而舉辦、而不是專為還在努力變有錢的人所辦的研討會。券商每周在每一個重點社區都這麼做，試著向與會者兜售抽佣的投資商品。聽眾裡摻雜著有錢人，而且他們通常可以不預約就進去聽——如果這是你選的路徑，這是好消息。我們公司已經多年沒辦這類研討會了，但過去我們常辦，而且人群中總是一再地會出現有錢的單身人士。紐約也許是物色的最好地方。

1990 年代的某天晚上，我們在曼哈頓的廣場飯店（Plaza Hotel）舉辦這類活動。雷吉斯·菲爾賓（Regis Philbin）到場，大家都看呆了——他的出現讓觀眾感覺增光。在群眾可能弄傷他之前，他矯捷地閃開了。會後有一小群人沒有散場，跟我和我公司的夥伴們一起閒聊。當中有位明媚動人的褐髮女子，跟我們一位銷售代表攀談起來，因為她的經歷太有趣了，同仁約他一起續攤小酌，讓她說說自己的故事。

她是年輕的開業牙醫，想要結婚但謹遵瑪麗蓮·夢露的教條——不純粹為錢結婚，但是跟有錢人結婚又何妨？她的條件很好，對未來的伴侶期待也很高。

從周一到周四，每到傍晚，在鑽牙跟補牙後，她就找間有辦研討會的飯店。她最喜歡的兩家是廣場和君悅（Grand Hyatt），因為每晚都有多場研討會舉行。她挑選研討會是看哪裡可能有最多有錢、年紀又不會太大的群眾，她就是這樣找上我們的。然後她走向飯店門房，給他們看她的牙醫名片。她說她幾乎總是能說服別人讓她進場；如果不行，她就下樓去找另一個研討會場地，設法混進去。研討會裡永遠都有免費食物，一周有四個晚上，她都吃免費晚餐──非常省錢。她在研討會開始前跟人搭訕，尋找目標。她非常直接，問對方在這裡做什麼、告訴對方她的職業，而且多半會調情──全是她挑選的男人。剛開始對話時，她總是劈頭就問對方想不想要生小孩，因為孩子的話題對她來說很關鍵，她也用這方式判斷對方適不適合結婚。

她會跟看上的人交換名片，並提供一次免費的牙齒檢查，這個條件讓對方從此記住她。她會在一周內打電話給喜歡的男人。如果他們沒有馬上想起她是誰，她就會知道她沒有留下好印象，就不再打電話了。如果對方想起她是誰，她會約對方周末出來喝一杯。她說她已經這麼做一年多了，每個周末都有約會，每周日則休息。有許多人向她求婚，但沒有一個是對的人。

不過她說，她很有信心一年內會找到理想的結婚對象。我非常肯定她一定會。瑪麗蓮‧夢露會為她感到驕傲。之後我們再也沒有她的消息（我們不再辦這類研討會），但我相信她會成功的，因為她已經為此建立一個有效機制。人人都有真命天子（女），我很肯定有一天，某位合適的有錢男子會遇見她，而且跟她來電。走上這條路的年輕婦女，很少有人像她這麼有紀律又全心投入。但如果你跟她一樣有紀律，你可以如法炮製她的做法，我很肯定，你來做也一定行。

▌像醇酒一樣維持良好的狀態

你可能必須跟比你年長的人結婚。很少富豪正值壯年——《富比士》400 大富豪榜上只有 114 人低於 40 歲，而且很多都已婚。不過，資產淨值 18 億美元的社交軟體 Snapchat 創辦人鮑比·墨非（Bobby Murphy）只有 28 歲，而且還沒死會[6]（抱歉了，女士們，他資產淨值 21 億美元的朋友伊萬·斯皮格〔Evan Spiegel〕才 26 歲，已經跟超模米蘭達·可兒〔Miranda Kerr〕結為夫妻了）。[7]臉書執行長祖克柏年僅 31 歲，在這本書上市後就離開了婚姻市場；伊凡卡·川普（Ivanka Trump）也是，她將從地產大亨搖身變成總統的老爸唐納·川普（Donald Trump）那裡繼承數十億美元。不過 Airbnb 3 位創辦人中有 2 位——喬·傑比亞和布萊恩·切斯基，都才三十幾歲，資產淨值各有 33 億美元，而且還是單身。[8]最年輕的南非米勒（SABMiller①）繼承人胡立歐·馬利歐·聖多明哥三世（Julio Mario Santo Domingo III）也是，年僅 31 歲，資產淨值

---

① 全球第 2 大啤酒製造商。

24 億美元。[9] 但多數的有錢人更年長。這不光是老夫少妻，還有老妻跟少夫的組合——年紀大的有錢女人，也喜歡年輕男人。例如茉莉安‧摩爾（Julianne Moore）和凱蒂‧庫瑞克（Katie Couric），結婚的對象都比她們年輕。你可以把人想成越陳越香的好酒。如果你覺得這樣的評估欠缺浪漫，請記住，在這條路上愛不可或缺，但浪漫則可有可無。

儘管浪漫沒那麼重要，但是好酒必須維持良好狀態。婚姻也跟一瓶好酒一樣，必須包裝精美，尤其在共同財產制以外的州，更需要一份好的婚前協議書，這份協議書能在你婚姻受到任何破壞時壓低損害。

即便在共同財產制的州，婚前協議也至關重要——婚前購置的資產是可以玩弄的。你得談清楚是誰獲得、如何獲得、何時獲得。如今，婚前協議在年輕人裡不受歡迎，他們覺得太照契約走，這樣就不浪漫了。但是要跟錢結婚，你必須這麼做。如果這令人反感，請想想：沒有合約，你根本就不會投入另一種約定。你不會收養小孩、買房買車、開始一份工作、雇用資金經理人，甚至加入健身房。那婚姻有何不同？婚姻可說是最需要嚴陣以待的夥伴關係，**所以婚前協議更加重要**。

有時候酒會變質！你無法在婚姻中控制另一半。因此，**離婚是個問題**。這絕非目標但永遠都有風險。然後會發生什麼事？你該拿到多少錢？換個說法好了：你的人生值多少錢？你的婚姻每年該有多少報酬？你的時間跟愛無價。如何衡量價值取決於你。**如果你不為你的婚姻估算價值，也不會有人幫你估。**

想想朗恩·培爾曼（Ron Perelman），他是用別人的錢賺錢的私募股權業者，資產淨值 122 億美元。[10] 可笑的是，有人說他跟第 1 任太太費絲·高丁（Faith Golding）結褵是為了錢。他們 1965 年結婚後（無婚前協議）[11] 不久，培爾曼就跟高丁借錢買下他的第一家公司。可是培爾曼事業超級成功。他們 20 年後才離婚。高丁拿到 800 萬美元 [12]——婚姻期間每一年不到 50 萬美元。對培爾曼這樣的富翁來說，似乎太少。

第 2 任妻子克勞蒂雅·柯恩（Claudia Cohen）是上流社會八卦評論家與電視名人，她就好多了。分手時，克勞蒂雅為這 9 年婚姻拿到 8,000 萬美元和一個女兒——婚姻中的每一年，價值 890 萬美元！[13] 第 3 任妻子，派翠西雅·達夫（Patricia Duff）是政界募款人（前面說過，這是認識有錢人的好管道），偶爾在電視露臉的名人。如果你想看緊張刺激的婚姻肥皂劇，去搜尋他們的離婚事件。他們生了一個小孩，在結婚 18 個月後，她拿到 3,000 萬美元。[14] 一年可以獲得 2,000 萬美元，只要你跟一個在婚姻裡待不住的傢伙在馬戲團餐廳（Le Cirque②）裡吵個架！

接著是艾倫·芭金（Ellen Barkin），我真的很喜歡她 1991

---

② 米其林一星的法式連鎖餐廳。

年的《變男變女變變變》（*Switch*）和 1992 年的《情逢敵手》（*Man Trouble*）。後來她的演員職涯無甚進展，但她透過婚姻，利用名氣賺錢（見第 4 章探討利用名氣賺錢，以及演戲是一條需要趁早開始的艱辛道路）。她在 2000 年跟培爾曼結婚，但婚姻在 2006 年畫下休止符。她拿到多少錢的傳言各異，她的朋友說她拿到 2,000 萬美元，男方的朋友說是 6,000萬美元。就當是 4,000 萬美元好了——相當於每年 666 萬美元服侍一位擁有露華濃（Revlon）的傢伙。在寫這本書時我閱讀她對這段婚姻的說法後，我相信她一開始認為她的婚姻會維持下去，並對婚姻結束感到震驚。再次強調，離婚絕非目標，但永遠有風險。此外，如第 4 章所述，一年能賺 600 萬美元的女演員非常稀少。但我敢打賭，這當中絕對沒有年紀比芭金大的。

可是一年 666 萬美元跟 2,000 萬美元還是有很大的一段差距。芭金哪裡做錯了呢？培爾曼的其他前妻都至少生了一個孩子，而她沒有。也許這就是原因了。還有，她雖然簽了婚前協議，但要的不夠多。瞧瞧培爾曼的過去，她應該早知道他無法安於婚姻，並要求他為婚姻提早失敗付出代價。畢竟，如果婚姻持久，協議條件就永遠不會生效，他也不需付半毛錢。我的重點是：永遠要求多多預付。「多多」是什麼？以培爾曼為例，你可以看他過往經歷，例如「起碼跟你拿到最多錢的前任一樣多——經通膨調整的數字」。希望第 5 任妻子安娜・查普曼（Anna Chapman）記下來。

　　如果你沒有一開始就做對，最後就得付出代價。培爾曼離婚經驗更多，也能比你請到更好的律師，所以一個優秀的律師是必要的。例如海瑟・米爾斯・麥卡尼（Idea ther Mills Mc Courthey）向保羅・麥卡尼（Paul McCartney）討到的錢，就比培爾曼拿到最多的前妻，克勞蒂雅・柯恩還要多——兩人都是生下一名子女。而且培爾曼顯然比保羅・麥卡尼有錢得多，在法官面前，米爾斯顯然比柯恩更有問題。就連法官都說米爾斯討人厭。[15] 況且法官們很少說話，更別說是大聲抱怨了。

　　你需要一份好的婚前協議，因為有錢人的婚姻就跟所有婚姻一樣，以離婚告終的名單落落長。需要舉一些例子嗎？尼爾・戴門（Neil Diamond）的前妻瑪西雅・墨非（Marcia Murphey），結褵 25 年拿到 1.5 億美元。[16] 萊諾・李奇（Lionel Richie）的前妻黛安・李奇（Diane Richie），8 年婚姻拿到 2,000 萬美元。電信業巨頭克雷格・麥考（Craig McCaw）的前妻溫蒂・麥考（Wendy McCaw）拿到 4.6 億美元——等於 20 年裡每年值 2,300 萬美元！麥考這一對做得對，他們離婚後依然對彼此友善。[17] 如果你要走這條路，就好好搞定婚前協議，離婚後維持友好關係。

　　安娜・妮可・史密斯（Anna Nicole Smith）可能是做得最差的一個。她嫁給一名律師暨石油大亨詹姆士・霍華德・馬歇爾（James Howard Marshall），去世時只留下分一半財產給她的口頭協議。幾年後她死於過度用藥，遺產還在爭執中（還有很多小道消息的細節，我在此不會著墨太多──你想知道更多的話，網路找得到）。史密斯小姐的故事寓意是，永遠都要做對：

1. 先和一位優秀的離婚律師，以書面形式擬好婚前協議。
2. 別做任何看起來愚蠢的事。在此，愚蠢就是看起來愚蠢。
3. 如果你跟好律師結婚，你輸定了。他們懂的，你不懂。
4. 控制好自己。無論你走致富的哪一條路，沒有對生活基本的掌握，你都無法贏。

▌男人也能靠結婚致富！

「為錢結婚」的刻板印象是老夫少妻的組合。但這不是只有女性能玩的遊戲！是的，老妻少夫比較少，但那是因為男性掌控比較多的財富。這不是性別歧視。只要看看《富比士》400 大富豪榜就好，無論理由為何，榜上大部分都是男性。但這不代表男性無法跟女性一樣，走上婚姻致富之路。

例如，假如約翰・馬侃（John McCain）人生成功到有資格角逐總統之位，那我可以跟你說，他最大的成就，就是婚結得好。他的妻子是漂亮、長青、優雅又超級富有的欣蒂（Cindy）！你可能聽過那個笑話，欣蒂嫁給馬侃時，她甚至自帶啤酒補給③。前國務卿約翰・凱瑞（John Kerry，資產淨值1.99 億美元）[18] 也一樣，他為財富結婚兩次！第 1 任太太茱莉雅・索恩（Julia Thorne）出身美國顯赫的名門望族，帶來一筆嫁妝，但她受不了政治生活（誰能怪她呢？），罹患了憂鬱症。[19] 凱瑞跟她離婚，又再次為財富結婚，這次是跟德蕾莎・亨氏（Teresa Heinz）。諷刺的是，她也曾為錢結婚！在擔任聯合國翻譯員時，她遇見並嫁給了**共和黨**議員約翰・亨氏——製造番茄醬的那位亨氏。約翰在 1991 年的飛機失事中去世，德蕾莎拿到大約 10 億美元，也許更多。[20] 到 1995 年時，德蕾莎換了政黨，並且再婚。凱瑞證實了你能為錢結婚，而且這個錢還是來自另一段婚姻。

我會把凱瑞描繪成利用名氣為錢結婚的人，跟芭金很像。

珍・芳達（Jane Fonda）的第 1 任丈夫是前政治人物湯姆・海登（Tom Hayden），他的不法所得介於 200 萬至 1,000萬美元之間，端看你相信哪個消息來源。對一個三流政客來說，算是混得還不錯了。然後芳達利用她的名聲，進入更富裕

---

③ 辛蒂是美國最大啤酒公司安海斯—布希的分銷商漢斯里（Hansley）公司的董事長，這家公司是由她父親創立的。

的婚姻生活（就像芭金！），和《富比士》400 大富豪榜上的泰德‧透納（Ted Turner）結婚。她肯定知道這樁婚事不會長久。她宣稱她沒有跟任何男人有過美好的關係。我的臆測是，這些為錢結婚的人當中，有半數並不期待婚姻細水長流。可能是因為離婚如此普遍，也可能是因為他們自身的人生經驗。

婚姻美滿

但他們不必悲傷地結束婚姻。馬侃和凱瑞的婚姻看起來是行得通的。克里斯‧麥考恩（Chris McKown）是一家小型醫療顧問公司總裁，已和阿比蓋兒‧強森（Abigail Johnson）結褵 30 載。她來自有錢的富達家族，現在掌管這家企業的一部分，光是自身的資產淨值就高達 130 億美元。[21] 曾任 eBay 執行長、資產淨值 23 億美元[22] 的梅格‧惠特曼（Meg Whitman），和她的腦外科醫師丈夫已經結褵 36 年，婚姻還在進行式。[23] 腦外科醫師收入不錯，但沒有比跟一個前執行長結婚更不錯。

腦外科醫師似乎對如何跟好對象結婚都會有種第六感。就說說已逝的葛蘭‧尼爾森醫師（Dr. Glen Nelson）吧，他很幸運，結婚對象是前卡爾森酒店集團（Carlson）執行長瑪麗蓮‧卡爾森‧尼爾森（Marilyn Carlson Nelson）——資產淨值 16 億美元。[24] 他跟她結婚只是為了錢嗎？我猜一定不是，在他 2016 年過世前，他們已經在一起數十年，生了 4 個孩子，一起經歷一個女兒不幸過世。此外,有一段時間瑪麗蓮離開家族事業撫育孩子,並支援她丈夫的醫療事業。家族的錢很棒,但執行長的錢更讚——瑪麗蓮後來接替她的創辦人父親成為執行長。尼爾森醫師不是唯一聰明到跟有錢的卡爾森女孩結婚的人。艾德溫·凱吉(Edwin "Skip" Gage)和瑪麗蓮一樣有錢的姊姊芭芭拉·卡爾森·凱吉(Barbara Carlson Gage)結婚已經很久了,而且據說婚姻非常美滿。

　　史戴門·葛蘭姆(Stedman Graham)很有意思。他是歐普拉的長期伴侶,一度訂婚,但始終沒結婚。他是他自己開的顧問公司史戴門·葛蘭姆聯合企業(S. Graham & Associates)的執行長,這家公司看起來主要是幫他的書和付費演講做宣傳。[25] 他是聰明人,在他的社群裡非常活躍,但如果不是跟歐普拉的關係,可能不會那麼成功。但是歐普拉說他們永遠不會結婚。[26] 歐普拉 28 億美元的資產,他一毛都看不到,[27] 因為她決定不要把他納入遺囑。[28] 但這是一個跟超級有錢的女人陷入愛河的傢伙,而且他們會在一起直到永遠,看起來非常幸福。他看起來對跟她相關的任何財富毫不在乎,但他已經受惠於她的財富和人脈。記住,跟好對象結婚,不代表自私地找個有錢的目標加以欺騙我。希望這代表你可以找到一個你能愛跟尊敬的對象。但是,天哪,要是她有錢,那不是更好嗎?

他說她死了

警告：不是走在這條路徑上的每個人都是好人，無論男女。另一則真實故事：瑪格麗特・列修（Margaret Lesher）婚結得很好，從第 1 任丈夫那裡繼承了一個出版事業——他的家族在舊金山擁有《康特拉科斯塔時報》（*Contra Costa Times*）及其姐妹刊物。當這位 65 歲的寡婦和一位 40 歲的職業牛仔結婚，眾人都為之側目。不久兩人就單獨前往亞利桑那州，在湖邊露營。接下來發生的便是典型的「他說她死了」故事——早晨她被發現面朝下，漂浮在 8 英尺④深的水潭上。他宣稱他們一起喝了兩瓶香檳和一些啤酒，想必她是喝醉後，在午夜時分自己跑去游泳。但是否有可能是他把她灌醉，帶她到獨木舟上，然後再把她推進湖裡呢？她的親屬斷言他溺死了她，但沒有證據。沒有婚前協議，但她的遺囑裡明確要求給他 500 萬美元。[28] 有些人要的只是你的錢，不是你的人。

■ 愛情、婚姻與錢財

在愛情裡頭，每個人各有所好，眼裡愛情的面貌都不相同。等你到了我的年紀，你會見過許多對夫妻，且絕對看不出其中一方是看上另一方什麼，但這不代表他們之間沒有燃起愛火——而且一直燃燒著。我不是要告訴你你會在配偶身上發現什麼迷人之處。但無論他的什麼特質令你著迷，沒道理這個人

---

④ 約 240 公分。

不可以剛好是有錢人。如果你對財富反感（很多人確實如此），那麼你從一開始就不會讀這本書。

許多人太輕率地結婚了。當心動浪漫的感覺持續了好幾個月，人們就會開始考慮「結婚」，彷彿這一生只能在一個人身上發現愛情。錯了！有句老話說：「人人都會找到伴。」嗯，如果你努力這麼做，你將可以跟許多人永浴愛河。重點在於努力找到他們，挑一個最適合你的、最理想的。當然條件可以包括有錢的。

現在有那麼多有錢人，多到如果你單單鎖定有錢人為目標，你都能在裡頭找到愛情，機率就跟你在地方書店邂逅真愛一樣高。也許最重要的一步是說服自己以有錢人為目標尋找愛情是沒有問題的。

想通後，搬到有錢人聚集的地帶，制定計畫，並且向我們年輕的牙醫典範一樣努力執行計畫──沒道理你無法找到有錢情人，而且不會比你在沒錢的人當中尋覓愛情還要久。如果以這種方式變有錢是你的目標，那一切的關鍵就是保持這樣的積極心態。

▋照著下列的書做

和其他路徑一樣，在這趟旅程裡，還有更多書能協助你。大部分「跟有錢人結婚」的書，對婚姻跟金錢不是諷刺就是肆意抨擊，只會幫倒忙。不要看。以下有幾本寫得特別好的書，或許能幫上你：

- 《嫁個有錢人》（*How to Marry the Rich*），吉妮·沙利斯（Ginie Sayles）著。即便你不想嫁給有錢人，這本書都是很好的婚姻與約會指南。對任何想結束單身的人來說都是好書。
- 《如何跟錢結婚》（*How to Marry Money*），凱文·道爾（Kevin Doyle）著。滿滿的小提示——時有譏諷——看起來像挖苦但其實不是。作者確實對相同主題有譏諷之作，是以露絲·萊絲里·格林（Ruth Leslee Greene）為筆名寫的。
- 《如何跟錢結婚》（*How to Marry Money*），書名跟上一本一樣，但作者是蘇珊·萊特（Susan Wright）。這本書絕對賣不好，但它是這個主題的嚴肅嘗試，有很多你能參考的點子。

 與好對象結婚指南

　　珍·奧斯汀（Jane Austen）告訴我們，有錢的單身漢一定想要一個太太，這是公認的真理。說得太對了！這不單單針對想釣金龜婿的女士。今天，當人們能自由選擇配偶，跟好對象結婚是真正的致富路徑。要笑就笑吧，但是擄獲對的另一半，可以賺大錢。所以我們最好跟芭金說，接下來做什麼比較好呢？

1. **對的場合與時機**。辨識對的地點，前往他們所在之處。這很簡單。同時查查當地法令，找一個共同財產制的州，以防進展不順利。

2. **去他們會在的地方**。多數有錢人沉迷於工作。去他們工作的地方，空間上的接近是關鍵。慈善工作或是政治募款是遇見超級富豪的好管道，但得是類型正確的志業。為了拯救笛鴴（piping plover）而募款，可能只會浪費你的時間。投資研討會對於遇見目標也很棒（而且食物免費）。

3. **年齡很重要**。事實：大部分有錢人年紀都比較大。你或許會遇見一個年輕的繼承人，但他或她身邊可能早就圍繞著一大堆潛在配偶。從更熟齡的人裡面找，你的勝率將會提高。

4. **弄一份婚前協議**。認真思考你的價值，並要求預先支付。要是沒做這件事，代表你將一無所得——特別是在財產分別制的州。然後去找一個優秀的離婚律師。律師越能幹，你拿得越多。

5. **別做蠢事**。法官和全世界都在看，特別是當你結婚的對象非常有錢。從海瑟·米爾斯·麥卡尼和安娜·妮可·史密斯的教訓中學習，好好整頓你的生活。這或許表示你會提早拿到鉅款。

CHAPTER
06

像海盜般劫掠，但合法

想過能光拿錢不用勞苦工作的日子嗎？你希望有些人視你
為英雄，而其他人畏懼你嗎？那麼，這條是你的致富路
徑。

在文學與神話裡，盜賊經常是反派英雄——俠盜王子羅賓
漢（Robin Hood）和傑西・詹姆斯（Jesse James）——他
們劫富濟貧。就算這些故事是虛構的，聽起來也很浪漫。但是
等一下，你也**可以合法劫掠，而且成為英雄**，當你成為原告律
師（plaintiffs' lawyer，PL）即可，這就是現代羅賓漢。被好萊
塢推崇的原告律師擺出為無助者而戰的姿態——為無名小卒對
抗邪惡的大企業，在家喻戶曉的頭條新聞、群情激憤中審訊大
人物，贏得鉅額的回報。要是聽起來刺耳，我要向其他律師和
法學院的學生道歉，但這是真的：大多數的原告律師，只是在
合法的範圍內進行劫掠行為。

其他律師的收入尚可，但大多是非常辛勞地做著相當無趣卻又必要的工作（像是遺產規畫、合約或交易法規、監管法規或勞動法規），才拿到還過得去（或者非常好）的時薪。辛苦一輩子、過得省一點，還行的投資報酬率（第 10 章）——那麼最後他們或許能擁有 200 萬至 3,000 萬美元的資產。但是代價是什麼？可能是犧牲家庭生活，因為大部分律師是按小時付費，而這麼多工作又綿綿不絕而來。賺大錢要靠合法劫掠——也正是多數原告律師的工作。

▌是正義鬥士還是盜賊？

問題在於：這些傢伙是戰士還是海盜？最初的十字軍離開舒服的歐洲城堡，是為了從那些不信神與邪惡的人手中，重新奪回聖地。而原告律師們是否將壞蛋們繩之以法——為了幫助弱小，去對抗強大的壞人呢？不，他們是尋找戰利品的海盜。而且如果他們照自己的那一套方法做事，他們很少會上法庭。

他們真正想要的是起訴，然後庭外和解，拿錢走人，基本上是像惡棍一樣敲詐勒索，花少少的力氣就拿到大筆的錢。如果你有著黑暗面，且喜歡扮演這類角色，那麼這條路再適合你不過，而且你不必把自己想成是壞人。原告律師永遠永遠都告訴自己，他們是捍衛戰士，對自己感覺棒透了。沿著這條路徑走，你也將會有相同感覺。

　　但如果原告律師真的是真理與正義的戰士，他們就不會敲詐勒索了，他們就不會為了拿錢走人而提起訴訟了。真正的戰士會一路告到底，直到判決出爐，而且永遠都是為了伸張正義。現實中，原告律師不時物色可拿錢走人的對象——所以通常會敲詐他們鎖定的目標——顯見他們自我標榜是捍衛戰士有多虛假。他們是小偷。骨子裡就是！

　　這是這條路徑很棒的一個部分——我們的社會當中，有人具有小偷的天分，就能走這條路，合法剽竊，賺整船的錢，同時又自我感覺非常良好。你也可以。去做個英雄吧！沒有其他路徑結合以上這些特質了。別條路都是你情我願的交易，這條不是。

全憑虛張聲勢！

　　如果你小時候一直夢想當海盜，但又覺得實際去冒險太危險了（也許你只是會暈船），那麼這條路徑，擁有其他所有好處。你可以讓別人怕你。你可以逼人付錢給你，基本上就像黑手黨索討保護費那樣。你可以神氣活現地勒索。社會裡有一大批人會視你為投入聖戰的拯救者。而你將會相信你所受的苦值回票價——意思是，如果你這條路走得對的話。我將會說明如何走對，而且這很緊張刺激——全憑虛張聲勢！史上最知名的原告律師比爾‧萊拉克（Bill Lerach，現在是一名前罪犯，在菈霍亞〔La Jolla①〕過著無憂無慮的生活，後面會詳談），曾公開吹噓當他不恐嚇執行長時，鍛鍊身體的方式就是靠喝蘇格蘭威士忌。[1] 他以此為榮，就像碼頭酒吧裡的海盜。

海盜不怕出身低。原告律師不一定要上夢幻名校，他們的成功非關文憑，而是在於他們所做的事（合法劫掠）。頂尖的原告律師多半出身平庸的大學和馬馬虎虎的法學院。事實是：你也不需要名校文憑。在加州、緬因州、紐約州、佛蒙特州、維吉尼亞州、華盛頓特區與華盛頓州，你甚至不需要上法學院就能通過律師考試。[2] 敲詐、勒索、打劫和洗劫，並不需要法學文憑。**這樣提起集體訴訟之後拿了錢就走人，不是搶錢是什麼呢？**

▌海盜的致富之路

在今天，上法學院是個受歡迎的選擇，但是許多人從法學院畢業後卻沒有成為律師！為什麼？因為多數的法律工作讓人爆肝、工時又超長，這讓畢業生自問：「我真的想做這樣的工作嗎？」不過，儘管許多選擇就讀法學院的人沒有成為律師，律師人數的成長幅度仍然十分驚人。在 1972 年，平均每 572 名美國人才有一名律師；到 2016 年，每 247 人就會有一名律

---

① 南加州的高級地段，房價一度是全美最高。

師。³ 我們真的需要這麼多律師嗎？不知道，但現在律師這一行的競爭是激烈的。我不會說明如何成為一名普通律師，選擇法學院、申請、通過州律師資格考試，甚至如何拿到第一份工作，已經有很多書在講這個了。不，本章以及本條致富路徑不是在講如何成為普通律師，而是原告律師。但考量到這一點以及為什麼成為原告律師是致富路徑，則為什麼普通律師不會變得超級有錢，就值得一探究竟。

你從法學院畢業，去一流的法律事務所工作。它會將業務範圍細分成訴訟、遺產規畫、證券法和一般商業法。不同的律師事務所，有不同的擅長業務。規模最大的事務所傾向於涵蓋所有業務。每一個業務範圍都由一或多位合夥人管理，而事務所相對的，是由合夥人們聯合管理。法學院剛畢業時，你是所謂的受雇律師（associate^②）。如果你的表現真的很傑出，7 到 9 年後他們或許會讓你成為合夥律師。如果沒當上，你可能會離開事務所。

2015 年，全美最高薪的 20 間法律事務所，受雇律師的平均薪資落在 20 萬美元以內。⁴ 這是入行 3 至 5 年受雇律師的薪資。看起來還不賴？記住，你已經先支付學費給法學院，可能

---

② 在美國，律師考試及格就能當律師，在律師事務所獨立辦案，這種律師就是 associate，與事務所是雇傭關係——只拿薪水，不是分享利潤的合夥人（partners），但做了若干年之後，有可能成為合夥律師。

背負高額學貸。你先是承擔負數的現金流，然後忍受最初幾年爆肝的法律工作——惡名遠播的一周工時 80 小時。唯有先如此，你之後才有可能賺到 20 萬美元——前提是，你是最高薪事務所裡的平均值。萬一你是在中階一點的事務所、薪資水準低於平均值呢？一樣很辛苦、很競爭，而且這些人都賣力工作。

雪上加霜的是，頂尖的律師事務所，都位在最大、生活成本最昂貴的城市。而頂尖律師通常不會少花錢——但身為普通律師，你必須節儉度日並投資得宜，才能存到錢。想想這個情況：全美律師的薪資中位數是 115,820 美元（2016 年 9 月）。[5]比你想的還低。是的，這包括政府的公職律師、從事社會工作的慈善與公益律師（他們是真正的戰士），找不到客戶的自雇律師，以及小鎮裡三流律師事務所的第一年受雇律師。許多律師沒賺那麼多，即便是待遇比較好的事務所，依然是按小時收費。這不是說你會過得苦哈哈，但是以這樣的薪水，你必須好好存錢跟投資，才能有 200 至 3,000 萬美元的退休金。這是可能做到的，但是跟薪水普普卻走上「更多人走過的致富路徑」（第 10 章）的一般人相比，並沒有比較優越。

要賺大錢，得靠成為一家律師事務所的合夥人。這是很辛苦的！成為合夥人平均需要 7 到 9 年，而且很少受雇律師做得到。許多事務所都有「晉升或走人」的文化——如果到第 9 年你還沒成為合夥人，他們可以解雇你，不過 77%的員工撐不過第 5 年。[6] 在頂尖事務所，你的勝算更低。但如果你辦到了，收入會很優渥。頂尖的合夥人律師可能收費每小時 500 美元或更高。有 5 家事務所的頂尖合夥人律師，現在收費每小時逼近 1,500 美元，費用每年成長 6%至 7%。[7]

我只是向你展示大部分的法律同業之間的明顯區別，這需要搭配第 10 章的致富路徑，而且不會讓你變得超級有錢——若是和成為原告律師的業務相比。

▌最賺錢的律師路

要靠成為原告律師賺大錢，只有一條路徑——只處理民事訴訟或「侵權行為」的官司。這可以賺進一大筆錢——在 2011 年，侵權行為的代價總額是 2,650 億美元，將近美國 GDP 的 2%！[8]（是其他發展中國家平均值的 2 倍。[9] 美國是原告律師的夢想之地！）在這筆錢當中，只有 22%會實際用於補償受害者。原告律師會比他的當事人多拿到 50%——拿走 2,650 億美元中的 33%！[10] 你也可以分一杯羹。

其他律師按小時收費。例如：你開車輾到鄰居的牽牛花。她提告。你的辯護律師按小時收費。你鄰居的原告律師不管判決如何都會收取一個百分比——通常是 20%至 40%之間，費用另計。假設他們說服法官這牽牛花非常稀有，而且使得受害人承受了龐大嚴重的損失，足以做出 1,000 萬美元的判決，則原告律師可能會拿到 350 萬美元，費用另計。只要他們做得對，律師圈子裡沒有人賺得比原告律師更多——沒有人（一個可能的例外是在蓬勃發展的新創企業裡擔任律師顧問，搭上順風車，靠選擇權發大財。見第 3 章）。

經典範例：人稱「侵權之王」、已逝的喬‧賈邁爾（2015年逝世前，資產淨值為 15 億美元）[11] 是一名傳奇的原告律師。他打贏過許多大案，包括一個 33 億美元的案子——他個人拿到的費用大約是 4 億美元。[12] 什麼案子？誰在乎！**4 億耶！**（好啦，他代表美國機油品牌彭澤爾〔Pennzoil〕對石油公司德士古〔Texaco〕提告，搞砸了這家公司在 1980 年代併購蓋蒂石油〔Getty Oil〕的意圖）。

幾乎同樣令人印象深刻的是，賈邁爾為一位跟商用卡車相撞造成癱瘓的當事人，打贏了判賠 600 萬美元的官司。聽起來很容易嗎？或許吧，除了根據筆錄，賈邁爾在法庭上承認他的當事人喝醉了（完全是會被扣分的行為）血液裡的酒精濃度超標 3 倍。但是賈邁爾說服了陪審團，雖然喝醉，但他的當事人依然負責任地駕駛，所以沒有過失。[13] 這需要有些真本事才能辦到啊！

▌侵權行為與恐嚇

那麼，你可以如何以原告律師的模式合法劫掠、賺大錢，讓某些人心生畏懼、同時讓其他人覺得你是俠盜羅賓漢、讓媒體崇拜你呢？首先，你需要一位眾人同情的當事人。如孩童，尤其病童是最棒的（或者是可能暴露在某種危險之中的孩童也許也行）。致命的疾病很棒——如果跟職場相關，或由大企業「創造」更好。當事人不必真正生病，你可以提起一個鉅額的集體訴訟，其中可能死於暴露在化學物質 X 之下的只有一人——儘管他已經 89 歲。但是化學物質 X 可能導致他過早死亡！你以他為起點，建立一群因為接觸化學物質 X 而**可能**死亡的其他人。然後以這些人或許都會死的可能性，勒索化學物質 X 的製造商。

你能在此刻勒索被告，是因為化學製造商罪行的曝光與訴訟，將會傷害公司形象，使得股東與顧客轉投向其他供應商。為了停損，化學製造商會付錢，請你拿錢走人。所付的金額是評估你的傷害所能造成的業務損失——外加企業本身用於辯護、不算小數目的律師成本。即便是小規模的集體訴訟，要辯護都得花上至少 200 萬美元，而且官司會至少拖延 2 年，導致機會成本不斷墊高！通常，公司會付一筆錢，只為送你離開。

你的訴訟題材（subject matter[3]）應該要令人困惑、曖昧可疑，能夠應用上幾乎成為歷史的古老法律。灰色地帶是最棒的。複雜難懂的化學、對於切確成因知之甚少的罕見疾病、與

---

[3] 一譯為權利主張。

工業製造產品相關的癌症（例如間皮瘤〔mesothelioma[4]〕）、有副作用（例如脫髮）的藥物等等。陪審團的成員不太能理解龐大、複雜、多音節的技術術語——「脫髮」一定要說 alopecia，別用 hair loss，聽起來科學多了。越是抽象與複雜，審判到最後越是取決於陪審團對哪一方更有好感。可能性是無限的。職場相關的訴訟案是好官司，因為大企業總是形象不好，而美國的雇用法規經常模糊不清，有灰色地帶，而且各州都不太一樣。而勞工這個身分是非常典型的美國原告，就像你能理解的，他們非常能獲得大家的同情！

利用為小孩討公道，是好生意！

　　為了小孩奮戰會名垂千古，一如茱莉亞・羅勃茲（Julia Roberts）在拿下奧斯卡獎的電影《永不妥協》（*Erin Brockovich*）中，所飾演的艾琳・布羅克維奇（Erin Brockovich）。你如果看過電影，就會知道布羅克維奇小姐膽子很大，她根本不是律師，人生正不順遂的時候，在一家不入流的律師事務所上班。她在加州欣克利小鎮偶然發現一種醫療怪象，並展開調查。艾琳沒有法學背景，沒受過調查訓練，但是她有毅力、決心，以及……嗯……如果你看過電影，你懂的。

　　她說服她的老闆打這場官司。看哪！邪惡的太平洋瓦電公

---

④ 由接觸石棉引起。

司（PG&E），故意把六價鉻（多音節、複雜的化學複合物）倒在欣克利的飲用水中。當地有些孩子得了癌症（生病的孩童！），太平洋瓦電公司何必這麼做？（在所有電影裡，企業都是邪惡的）。在這齣電影當中，是因為他們知道欣克利居民太窮太軟弱，無法反擊──直到他們遇見布羅克維奇小姐，這位真正的戰士，在法庭上為他們贏得一大筆錢。然後布羅克維奇小姐馬上被大幅加薪，買了新車和無數熱褲。萬歲！故事結束。

在現實中，這個案子是私下調解的，從未上到法院。如果他們真的是戰士，布羅克維奇跟老闆會讓法院開庭。太平洋瓦電公司並沒有認罪。我並不是說這家公司無罪、孩童沒有生病。大部分科學家宣稱六價鉻對人體無害，通過人體後會排出。[14] 但「事實」與「科學」不是問題。訴訟曠日費時，所產生的負面名聲會影響公司股價，並趕走顧客與商譽。太平洋瓦電公司這一方的故事，拍不出動人的電影。

太平洋瓦電公司花了 3.33 億美元打發他們拿錢走人。諷刺的是，史蒂芬‧索德柏（Steven Soderbergh）虛構的電影對他們聲譽的殺傷力很大，但還是比不上進法院大。這是一間市值 310 億美元、年營收 150 億美元的公司。和解金看似鉅額，但不和解的話殺傷力會更大。要打贏一場像這樣的官司，會耗費多年時間。在訴訟過程中，他們會被公眾拖入泥淖。比起法庭最終靜悄悄為被告做出的判決，大家更常想起原告的指控。

等官司結束時，就不會被報導了。沒事發生，就不是新聞。

　　但是對布羅克維奇小姐、老闆、你或另一位原告律師來說，那是好大一筆錢。根據他們的合約，他們拿走 40%外加 1,000 萬美元的費用──總共是 1.432 億美元。至於病童，不管他們生病是不是六價鉻造成的。他們拿到什麼？據報導，有文件佐證的醫療投訴顯示，集體訴訟的成員只拿到 5 萬至 6 萬美元──當你罹患癌症，這個數目真的不多。[15] 剩下的錢去哪了？集體訴訟的成員也很困惑，[16] 但你可以猜猜。茱莉亞・羅勃茲並不在意電影欺騙了大眾，她可是演出一個經典的羅賓漢角色，美國人愛死她了。

合法的替死鬼

　　人們喜歡在事情出錯時，找個對象怪罪──這是人性，無論是醫療、投資、戀愛，任何事。找個替死鬼幫我們搞定，行為學家稱之為「迴避悔恨」（regret shunning）。原告律師的成功，是靠幫隨機或非隨機的悲劇（或者並非悲劇）抓出一個替死鬼。替死鬼付錢給原告律師，讓大家不再議論紛紛。

　　前議員、副總統與總統候選人約翰・愛德華茲（John Edwards）以打真官司而知名。他一再宣稱腦性麻痺完全可以避免──這是接生醫師的疏失。在一個知名訴訟案裡，他「扮演」他年輕的當事人對陪審團講話，有如他就是這個年輕女孩，正在她母親的子宮裡，請求陪審團做正確的事──意思是，判他的當事人勝訴。他們成功了。愛德華茲的當事人拿走了醫院的 275 萬美元和醫師的 150 萬美元，總共 425 萬美元。[17] 他的成功孕育出一個迷你產業。你一定看過廣告說：「如果你的孩子有腦性麻痺，可能是醫療疏失。你可以提告！請撥電話給 Dewey, Cheatem & Howe 律師事務所⑤。」

　　腦性麻痺的官司很完美。它們涉及痛苦的孩童和大家不太懂的疾病。有一對佛州夫妻對傑克遜維海軍醫院（Jacksonville Naval Hospital）提告，求償 1.5 億美元。[18] 但是根據美國婦產科醫師學會（American College of Obstetrics and Gynecologists）的說法，腦性麻痺跟基因、產前感染或其他醫師無法控制的因素，可能比較有關。[19] 你可以試試告訴陪審團或媒體這件事，在他們正目睹催淚的戲劇上演的時候。

侵權行為只是敲詐的一部分

　　有關侵權的法律制度對小公司來說更加棘手。因為規模較小，法律辯護成本和公關傷害，可能會壓垮他們——敲詐他們，你的成功率更高。小公司被提告總是嚇得半死，容易屈服。許多原告律師物色目標時，會找那種沒有本錢抵抗的對象。案件剛開始，他們會私下要求拿錢走人，被告通常會和

---

⑤ 這是美國常見的虛構律師事務所名稱，諧音翻成中文是：我們欺騙了他們嗎？怎麼騙的？

解，和解金通常由公司的保險支付，這讓被告比較容易拿得出錢來。這個機制讓付錢給原告律師、請他們拿錢走人變得如此容易，以至於這成了你的「商機」。

更妙的是，這些討論和解條件的過程，不能成為法庭上的證據。被告無法對著法官尖叫，「可是他說只要我付 150 萬美元，就會一切喊停——原來都是假的。」是不是很美好呢？你做原告律師，還有法院保護你。

因此，如果你是原告律師，理想的情況是：**要嘛以知名的大企業為目標，因為官司會傷害商譽，波及顧客與股東**，就像《永不妥協》一樣；**要嘛希望你的獵物是容易嚇唬的小公司**。

按照一般司法程序，被告一開始會要求撤銷告訴，但這不一定會獲得法官的批准。這對你做原告律師也很有利，因為你有更多時間敲詐。法官相信他們應該審慎而明智，聽取來龍去脈，以確保他們沒有不受理任何具真實危險性的實情。法官透過審慎行事，降低他的判決在之後的上訴被推翻的可能性。被翻案可能是法官最討厭的事了，因此案件會繼續審理，你可以繼續恐嚇被告，直到他們付錢。

一旦進入司法程序，無論被告最後是否打贏官司，被告所受的損害都會一天比一天大。在此，可沒有**無罪推定**這種東西。被告從沒真正「贏」過。即便被告最後勝訴，官司也會花 2 到 4 年時間。被告的成本很容易就超過 200 萬美元——公司規模越大，花得越多。而你身為原告律師，成本卻只有九牛一毛——你的時間、小出差、專家證人、影印、文書工作。這讓成功站在你這邊。他們每個月付出的成本比你高。實際付給你的一大筆錢，可能是由保險金支付，但是被告的辯護費用就不是了，除非他們允許保險公司主理辯護，但這代表放棄掌控權，也通常意味著素質低落的辯護工作。因此，只要每個月有進展，你就是在讓被告增加壓力，敦促他們付錢送神，因為他們起初沒有接收到這個訊息：你想要的是馬上拿錢走人。接著是法官一再駁回被告撤銷告訴的請求，大約每 4 個月就會來一次，直到官司落幕。

　　如果被告堅持走完司法程序，這表示他們如果不是自信無罪、很強硬，就是可能不理解你是原告律師，認為自己無法和解（他們之後會明白的）。但如果他們在整個訴訟過程中都占上風，你還是可以開口要錢，只是數字得降低很多，否則你就揚言要上訴。如果他們不付你錢，就上訴。這樣又輕鬆讓他們再耗上一年，而你可以繼續要求拿錢走人。從開始到結束，你都想持續重擊他們。哪一種嚴重打擊最好呢？

操作媒體

　　原告律師們會假裝他們不想在媒體報導曝光，因為操作媒體會激怒法官，但他們通常都會這麼做。所以走這條致富路徑，你要努力餵養媒體，特別是當被告的企業，有你能傷害的品牌價值時——就像布羅克維奇小姐那樣。這是我們的文化裡鮮為人知的一大不光彩的祕辛：原告律師是記者最重要的消息來源之一。大部分的負面報導都是來自原告律師的爆料。記者們將無所不用其極不讓他們的「消息來源」、亦即原告律師曝光（再說一次，法官討厭律師對媒體爆料）。在憲法第一修正案（First Amendment）的保護下，他們可以的。

媒體是你在這條致富路徑的夥伴，因為你可以餵食他們真正的醜聞，而醜聞等於揭弊，揭弊新聞總是會大賣。同時，打媒體戰會嚇跑你的被告的顧客與潛在顧客，讓被告更傾向於和解。假設你是原告律師，聯絡上一位重要的商業線記者，說要提供他你將對某家知名企業提告的獨家新聞，我保證你會受到熱情接待。

我們的侵權體制所建立的流程，讓你處於優勢。被告有兩個選擇：奮戰到底，忍受損失與傷害，直到勝訴，但他們永遠彌補不了這些傷害；或是付錢給你，請你走人。多數被告都會選擇付錢。

企業只要達到一定的規模（比你所想還要小的規模），便會成為被告，而且不只一次遭提告。當我的公司成為被告時，我會試著理性看待，視之為商業的成本與代價。我的律師團隊認為每個官司要分開來看。但有時身為被告，我們看事情的方式，是原告律師不太能理解的。例如幾年前，我們遭受聖地牙哥一位原告律師攻擊，對方企圖對我的公司提起集體訴訟，援引一條令人厭惡的法律規定，宣稱我們的廣告誤導受眾，而法官早就說過這條法規不適用這樣的訴訟案。他所提起的訴訟要求我們向所有客戶退費。我不但知道他們大錯特錯，我們在法庭上應該能勝訴，也認為如果我付錢打發他們走人，雖然省下成本與媒體夢魘，但我公司的客戶將不會相信我們是清白的。如果我們是清白的，幹嘛要付和解金？

像這種誠信問題——說我們蓄意誤導顧客，我的態度會強硬到不願和解，無論花多少代價、多少時間都不行。我們的客戶口碑岌岌可危。在我的專業領域，這至關重要。而照我們的標準，這位原告律師並沒有極度嚇人。所以我們打官司——一路打。我們勝訴了。但整個過程中，原告律師一直要求給錢，而且無法理解我們為什麼就是不給。我的律師不停地告訴我他們的最新價碼，我也不停地用一個簡單訊息回絕他們：下地獄去吧，原告律師。

對我來說，花幾百萬美元和我們高階人員（包括我在內）的時間，在我們的主要職能之外分神處理官司，直到最後勝訴，是值得的。我才不會讓我的客戶看見我們為沒做過的事付錢，並永遠對此耿耿於懷。這會傷害我們的誠信！起初，原告律師獅子大開口，最後他幾乎什麼都沒要了——隨著一年年過去，金額也逐漸減少。但是這位原告律師始終不理解為什麼我們不管任何條件都不付錢。如果你走這條路，你將碰上這類狀況，而你最好盡快搞清楚原因。當被告就是不付錢，請確定你證據確鑿。當你覺得沒有勝算，那就該抽身、別再浪費時間了。

更多原告律師的利多

身為原告律師，另一個很棒的地方是即使打輸官司，也不必付出沉重代價。也許你提告一起教宗猥褻兒童與盜用公款案件，但毫無證據，卻一路告到底，最後慘敗，並在過程中破壞基本的程序規則，像是對法官說謊。然而被告還是很難向你收取損害賠償。縱使他們這麼做，賠償金也少得可憐。你能輸掉的真的不多。在前面提到的官司中，我們徹底獲勝，而這位原告律師犯了嚴重錯誤。我們確實打贏了這場官司——非常罕見。不過我們拿到的賠償，只有非常少的 1.3 萬美元。而你，身為原告律師，除了賠掉你的時間，很難再賠更多了。恭喜你！

我也曾經用錢打發原告律師，兩次，總計 500 萬美元。兩次都涉及對我公司的集體指控，主張我們違反加州的雇員薪資與工時法。這些訴訟都是走個過場，無法靠庭訊辯護來正當防衛。我們沒做錯事，但是勞動法規在這方面含糊曖昧。而花錢為自己辯護，會比付錢打發他們走昂貴多。而且這類官司也不是那種會影響客戶觀感的騙局，而是跟我們怎麼對待員工有關——他們對於我們的行事作風，早就知道了，所以他們對我們的看法，不可能被這些愚蠢的要求所傷害。

有相當多的加州企業，只要到達某個規模，就會碰上這種事。在某些州，這已是例行的商業成本了（見第 9 章）。原告律師不想上法院，他們要的只有錢財。和解比對抗便宜。對抗贏不到什麼東西。原告律師工作輕鬆，戰利品既多又得來全不費工夫。你可以一次打擊一家公司的一群員工——然後你就需要換一批員工打擊了。關鍵是搞清楚哪家公司羽翼初豐，有追逐的價值。通常發生在大約有 500 名員工的時候，那就像在海上找到一艘沒有防備的寶藏船。只要你是第一個抵達，並在別的海盜盯上這艘船之前完工就行。

▌物色目標

除了能引起社會廣泛同情的原告（勞工、孩童），你需要的，還有一個能給錢並在你投入許多心力之前就早早和解的企業目標。大企業通常很容易加以妖魔化。

藥廠

藥廠是很棒的目標。由於它們市值巨大，所以能拿到高額的和解金；又因為它們獲利豐厚，也讓社會不太容易同情他們。藥廠完美結合了能引起同情的當事人，複雜、技術性的因素，以及容易塑造成反派的目標。還記得默克藥廠（Merck）的止痛藥萬絡（Vioxx）的圈套嗎？萬絡是一種 COX-2 抑制劑（複雜），用於讓罹患骨關節炎與胃痛的人舒緩疼痛——意思是在短期之內服用。更進一步的試驗（由默克完成）顯示，如果服用超過 18 個月，心血管的問題會增加，所以默克迅速將這種藥品下架。[20] 但是萬絡本來就不是長期用藥——所以何必擔心，對吧？錯了。當媒體開始攻擊，默克股價重挫。因為擔心訴訟與鉅額賠償金，它的信用評等很快就被信評機構腰斬。[21]

到 2007 年 10 月時，默克已經被將近 26,600 起官司纏身。26,600！有些案子可能是你的。根據最新統計，該公司已經向 3.5 萬名原告，總共支付至少 60 億美元的罰款與和解金。其中 9.5 億美元付給了聯邦與各州政府，其餘的則是給原告及原告律師。最新塵埃落定的官司，是 2016 年 1 月，要支付 8.3 億美元的和解金，律師費用另計。[22] 算起來，等大勢底定，原告律師們總共會有將近 20 億美元入袋。[23] 你能否讓你的當事人，令人同情到足以向一個「惡棍目標」收取鉅額費用呢？

菸草公司

小時候我父親教我，過馬路要看雙向來車，還有絕對不要抽菸。從 1965 年以來，就有衛生局局長警告，說吸菸會致癌。從那之後任何有菸癮的人都會獲得充分警告。但是原告律師持續找到新的角度。你也可以。菸草公司一直以來都形象不佳。

其他目標

石綿是好目標。石綿最終可能超越菸草成為最大的搖錢

樹。每年新增的石綿官司，有 5 萬至 7.5 萬件。大部分——到
2000 年為止，逾 6 萬件——提起告訴的人，並未罹患任何石
綿相關疾病，而且可能永遠都不會罹患。[24] 錢多事少的海盜工
作！

　　近期的熱門目標是疫苗製造商，號稱自閉症與一種局部抗
菌劑有關——這種抗菌劑以汞為基底的防腐劑（複雜的化學化
合物—病童—大藥廠！）也許自閉症的增加，是因為這種疾
病，現在被實際診斷出來了——十幾二十年前，這些孩子只被
說是「發展較慢」或「狀況不好」。但也許我錯了。無論是哪
種情況，現在都是熱門官司。

　　你也可以跟上鄰苯二甲酸酯（phthalate）的熱潮！這種化
學物質能讓塑膠具有可塑性，而且幾乎無法破壞。它用於兒童
玩具、輸液袋和其他醫療用品上。綠色和平組織判定它「有
害」，加州也祭出了全州禁用令。綠色和平組織比較偏好一種
更容易脆化的替代化合物——這表示你的兒童玩具更容易碎成
容易造成窒息的大小。我們不久就會擁有零鄰苯二甲酸酯，以
及靠窒息官司致富的環境！別管綠色和平的創辦人自己認為鄰
苯二甲酸酯優秀又安全這件事。[25] 這玩意是複雜的化學物質，
很多人還唸不出它的名字！

證券官司

　　有一種經典的官司類型，是控告那些股價暴跌的上市公

司。海盜們找到一名股東便可以提起告訴，說該公司應該更早揭露某些事，或是以某種方式避免暴跌（用魔法嗎？）。這一切毫無道理，卻普遍存在。媒體喜歡這種官司——把公司抹黑成邪惡的、蓄意欺騙無產階級股東的形象。

其手法大抵如此：X 企業的股票交易價格為每股 50 美元——共值 100 億美元。公司獲利變差。新聞揭露時，股價跌了 20%，來到 40 美元——少了 20 億美元。一名原告律師代表股東起訴，要求賠償 20 億美元。X 企業以 6,000 萬美元和解。原告律師拿到 2,000 萬美元。注意：公司付給股東的錢就來自股東——這是一個零和遊戲。唯一差別是，某些過去的股東或許已經賣掉持股，所有的和解金需由轉由現在持股的所有新股東接手買單，為少數前股東的利益付出代價。支付和解金後，公司的股票並變得更不值錢了，這就像是在挖東牆補西牆。如果你自始至今一直是股東，這樣的情況就像拿到微薄的股利，但要轉而支付給原告律師 30% 的佣金。這類荒謬的官司非常普遍。

▌當海盜成了罪犯

那麼，合法的海盜，何時會變得不合法呢？當你違法的時候。問問梅爾文・魏斯（Melvyn Weiss）和比爾・萊拉克（就是喜歡喝蘇格蘭威士忌的那一位）。數十年來，沒有哪個名字比魏斯更令執行長們聞風喪膽（好吧，也許萊拉克的名字可以想提並論）。魏斯在 1965 年成立米爾伯格·魏斯事務所（Milberg Weiss），宣稱要為被邪惡公司用淪為壁紙的股票騙走畢生積蓄的藍領階級而戰。身為勞工的救星，米爾伯格·魏斯事務所總共為「受騙的投資人」向各大企業收取了 450 億美元。450 **億**！1976 年，比爾·萊拉克也來共襄盛舉，在聖地牙哥開了米爾伯格·魏斯特（Milberg West）事務所，而且跟魏斯一樣令人聞風喪膽（如果沒有更嚇人的話）。

他們最終在全國一共擁有 200 名以上的律師，陣容比任何競爭對手都大，就像一台訴訟機器，最高峰時每周都有一場官司。最高層的合夥人律師能賺進幾億美元。誰來他們都接！有些公司被告了好幾次。90%的案件和解——他們對上法院不感興趣。[26] 萊拉克以親自威脅執行長們將會告到他們破產而聞名。[27] 是的！海盜式談判。

要拿到這些案子，你必須搶在其他原告律師提告之前提告。這稱為「**奔向法院台階競賽**」（race to the courthouse steps）。誰先提告，誰就拿到案子。你要如何確定你跑第一呢？魏斯和萊拉克很清楚。每一件集體訴訟案都需要一位領頭的原告——一個代表典型的受害原告代表。花時間找會讓你在法院競賽中速度變慢。所以魏斯和萊拉克**預先擬好了**訴狀。

你要怎麼在事前就準備好一位原告跟一份訴狀呢？魏斯和萊拉克找人頭購買數千檔股票的極小部位，然後靜待時機。只要有一檔股票重挫，他們馬上告上法院。為此，被徵召的被告將能分一杯羹——例如律師收費的 7%至 15%。他們重複使用這些原告——一個人使用 40 次。這是違法的，而且是重罪。律師經常被問到，他們是否另外付錢給原告。數十年來，魏斯和萊拉克都在宣誓下說謊。那些明星原告也是。

消息滿天飛，股價起起伏伏，有時會下跌，但這就是投資的風險。懲罰股價正常波動的公司不過是一種盈餘再分配，傷害股東與股價。這麼做對小投資者沒有幫助。這是純粹的敲詐。但公司會為了和解，付錢好打發這些原告律師。[28]

當局在 2001 年對此類訴訟展開正式調查。你或許會認為魏斯和萊拉克會收斂點。不！他們繼續這樣搞，至少到 2005年才收手。總計，檢察官主張他們在逾 150 件集體訴訟案中支付了回扣。[29] 萊拉克認罪，被判刑 2 年，罰款 775 萬美元。[30]魏斯也認了他敲詐勒索（就像個黑手黨老大！）被判刑 33 個月，繳了 1,000 萬美元罰款。[31] 該事務所支付了 7,500 萬美元和解金，以避免刑事審判（開律師事務所卻焦慮到不想上法庭，真是有意思）。[32] 儘管認罪又被罰了款，愛喝蘇格蘭威士忌的萊拉克依然堅稱他們的作為「只是業界標準做法」。[33] 哇嗚！

不管是走這條路還是其他致富路徑，絕對不要違反法律。你不會想跟萊拉克和魏斯一樣最後得吃牢飯，即便你在吃完牢飯後退休，還是擁有自己的大房子。就像我將在下一章詳述的，違法畢竟是歹路。走在任何致富之路上，橘色囚服都醜斃了。身為一個原告律師，劫掠……但要守法，永遠不要違法。別讓自己步上萊拉克的後塵。

▊ 菁英俱樂部

原告律師不會公開（但私下會）坦承：成功與否跟法律條文無關。在民事的法庭、仲裁或甚至不具約束力的調解庭，關鍵都是你有沒有能力說服陪審團、法官、仲裁或調解人，你是個好人。法官不會承認這一點，但差不多當他或她或陪審團決定了誰是好人、誰是壞人，剩下的就只有細節與判刑的輕重拿捏了。法律悄悄滑落到人品判斷的外圍。只要你確定了你被判定是好人、另一方是壞人，輸贏就大勢底定了。這就是為什麼頂尖的原告律師不需要上頂尖的法學院，需要的是調查、演技和了解判決與玩家的江湖——而不是法律上的細微差別。打贏官司靠的是不斷制定戰略，然後創造出一個形象，無論如何都要說服法官和陪審團你是好人，你的對手是壞人。在劫掠者的世界裡，還真是諷刺！

原告律師有一個菁英俱樂部。許多頂尖的原告律師都隸屬於「辯護律師核心集團」（Inner Circle of Advocates）這個律師組織。去加入——要是你進得去的話！這是榮耀（造訪他們的網頁：www.innercircle.org）。他們只讓最賺錢的原告律師加入。會員只限 100 名。你夠資格嗎？

通常，他們期待申請人的資歷，至少要有三件百萬美元的判決，或是近期有逾千萬美元的判決，才會考慮放人進去。[34]

符合這些條件的頂尖原告律師，顯然不止百位。有許多知名律師卻不是會員。是的，約翰・愛德華茲曾經是會員。而且實際上只有 7 位是女性。這條路徑的巔峰，肯定對男性比較偏心。不過，這百位會員已經刮走很多的錢。也許其中有一部分你也能刮走。

法律書單

以下這些書教的是說服與談判，對任何人來說都很實用，不光是走上海盜之路的人才用得上。

▶ 《走這條路的法則：證明責任歸屬的原告律師指南》（*Rules of the Road: A Plaintiff Lawyer's Guide to Proving Liability*），瑞克・傅利曼（Rick Friedman）與派崔克・馬龍（Patrick Malone）合著。這兩位都是功成名就的原告律師，由他們來告訴你怎麼做，比法學院更好。傅利曼是惡名昭彰的辯護律師核心集團的成員之一。

▶ 《面對陪審團庭訊的演技與策略》（*Theater Tips and Strategies for Jury Trials*），大衛・波爾（David Ball）著。波爾教授挾其戲劇藝術的背景，成為法庭顧問的權威。他教導庭訊律師說故事的藝術，目的是勾起陪審團的情緒，藉以打贏官司。

▶ 《大衛・波爾論損害賠償》（*David Ball on Damages*），大衛・波爾著。又一本波爾教授的著作。看穿陪審員的想法——他們如何思考，你必須做什麼來強化、操縱他們的想法。這是在說服他們你是好人，另一位是壞人。是要走這條致富路徑的必讀書目。

▶ 《法律究責：陪審團如何思考與談論事故》（*Legal Blame: How Jurors Think and Talk about Accidents*），尼爾・費金森（Neal Feigenson）著。闡述的主題跟大衛・波爾相同，但是更從心理學的層面出發。

 合法劫掠指南

　　一般來說，你得先取得個學位，並從法學院畢業（雖然這不是必要條件）。你必須通過你居住地的州律師資格考試以及／或執業。你會發現大學中輟的律師比執行長少很多。但是即便是對那些從令人肅然起敬的法學院畢業的人來說，這條路都多災多難。賺大錢的路上不一定要靠血統，但要耐得住寂寞！有些人會畏懼你、討厭你，並躲著你——就像避開任何海盜。

1. **選對業務領域**。只做普通律師不會致富。要賺大錢，就要做原告律師——一個值得誇耀的海盜。

2. **選對客戶及控告目標**。你需要的是：

a. 能引起同情的原告：那些被認為貧窮與受壓迫的人，都是好原告：生病、孩童、低階勞工、藍領。

b. 看起來像反派的被告：目標必須容易抹黑成反派。大企業很適合——大石油公司、菸草公司或藥廠。金融業也很適合，讓人感覺口袋很深。小公司也很容易打擊，因為他們負擔不起反擊的代價，所以會輕易和解。想想小公司的數量。

c. 複雜的題材：以能輕易混淆陪審團的理由起訴，你就能操控他們心中的好人與壞人印象。然後，比起事實，他們對哪一方更有好感更加重要。

3. **為了賺最多，鎖定集體訴訟案**。一大票人的和解金，收取一個百分比，金額就很驚人。老規矩——無助的當事人、口袋很深的企業壞蛋、複雜的課題。當個説故事高手。

4. **養條狗**。當一名劫掠者很寂寞，有些人可能會討厭你。你會樹敵。一隻大狗能提供你保護與愛。

CHAPTER

07

打理別人的錢：最有錢的
人走的路

喜歡指導別人怎麼做嗎？有著堅韌的意志嗎？這條路可能
很適合你。

這條路，建基於「打理別人的錢」（Other People's Money，
OPM），獲得衍生而來的財富——基金管理、私募股權
公司、券商、銀行、保險公司等等。入行很容易。你不需要博
士學位或腦外科醫師的頭腦。這條路也有許多和其他致富之路
相交之處：從事理財業的人經常是成功的創業者（第 1 章），
也產生出許多非常有錢的副手（第 3 章）。從事這行的人，有
些後來成了英雄，有些成為階下囚——這裡有非常大的利益衝
突空間。但是一個理財業者應該有效率及有操守地，讓他（或
她）的客戶也同樣變有錢。自己變有錢，同時也讓別人變有
錢——還有什麼工作比這更有福呢？

理財業是最多超級富豪所走的路徑。你未必能藉此變得超級有錢，但是大部分的超級富豪，都是靠這條路徑變成有錢人的。2016 年的《富比士》400 大富豪榜成員，有 93 位靠這條路上榜——是人數最多的一項。這條路上所產生一大堆資產淨值介於 200 萬到 5,000 萬美元之間的富豪，而且通常只需幾年時間就能攢得這樣的財富。

■ 理財業的基本規則

人們往往以為他們必須先了解金融的技術面，否則他們無法在這個領域成功。不！先學會銷售再來學習財經也很好，甚至更好。觀察走上這條路徑的人們，我學到了一條違反直覺的規則：

銷售與溝通，年輕人學得比年長者好，而金融則是年長者學得比年輕人好。

先學習銷售，之後再來學習金融與投資。學習銷售就像在學滑雪，從越年輕開始學，就學得越快越好。但學習分析投資標的就像學習招攬人才，多年的實地經驗會讓眼光更精準。時間有助於能力的增長。

學習銷售。其餘的條件會隨之而來。

年輕人往往想從熱門的研究與投資分析師，或是資產組合經理人做起——他們想必將成為下一位巴菲特或是彼得·林區（Peter Lynch[1]），也往往天真地瞧不起任何跟銷售相關的工作，結果幾乎永遠事與願違。我給年輕人的建議是：從學習電話推銷開始——即便是跟投資無關的電話銷售，這樣你年輕的外表就不會害到你。然後再轉到面對面銷售，先推銷簡單的，之後再賣複雜的產品和服務。銷售能力在年輕時學很快，但是學會銷售的輕鬆程度，會隨著年齡下滑。當人們四十幾歲才開始學習銷售，還是可以學，但是會更困難、花更多時間，也會覺得不自然（就像滑雪）。

相對於銷售，產品知識是次要具備的能力，需要時很快就能上手了。30 年前在富蘭克林資源公司（Franklin Resources[2]）建立銷售與行銷團隊的肯恩·柯斯凱拉（Ken Koskella，他賺飽後退休了，現在做單口相聲自娛——一個穿著西裝的老業務，說著老業務有多滑稽的笑話）教我，如果你真的懂銷售，你可以被孤身丟到美國最荒涼的偏鄉小鎮，在周末賺到錢。也許不

---

① 被譽為股票投資史上的傳奇。林區在 1977 年至 1990 年間管理富達麥哲倫基金 13 年，在此期間，該檔基金的資產規模從原先的 1,800 萬美元，以平均年成長 75%的驚人速度，飆升到 140 億美元，成為當時全球最大的股票基金。

② 美國的跨國控股公司。

是你將來想賺到的那種金額，但至少過得下去——在事先什麼都不知道的情況下。

許多人認為自己不需要進行銷售的工作——他們會開間公司，雇用銷售人員。但是在這條路上，如果你自己不擅長推銷，就無法雇用跟管好銷售人員。這是行不通的。不過本書不是一本教你銷售或管理銷售人員的書（後面我會提供書單），但學習銷售的理由之一，是這樣你才能雇用與管理銷售人員——在很多條致富路徑，這都是關鍵。事實是：比起眼高手低、卻自以為無所不曉的 23 歲年輕人，企業更需要銷售人員。要走這條路的年輕人，應該學習銷售各種東西，然後再來賣金融產品。一路上，你會自然而然學會一些金融知識。到你30 出頭歲時，重新定位自己，深入研究金融的分析與技術。屆時你已經有很好的實戰經驗，能幫助你掌握金融知識。

找到適合的公司

只要能教你銷售的公司，就是適合的公司。大公司會大量招聘。不管是美林證券、摩根大通（JP Morgan）或紐約人壽（New York Life）都不重要。去參觀、面試、聊一聊，並決定哪一間在你學會銷售之前，不會讓你想從窗戶跳下去。或者找一家精品公司——每座大城市都有。兩者在本質上沒有優劣之分。大型金融公司會定期直接從校園徵才，或是招募毫無實際經驗的人——用一種「把義大利麵丟到牆上」（throw spaghetti

at the wall[3]）的心態大量徵才。如果新手很快就陣亡，公司也
不痛不癢（不會是你，如果你專注於學習銷售的話）。如果想
要得到多些關心指導，就試試精品店。但是**學習銷售是關鍵**。
為此，請去購買或借閱以下書籍，持續並重複練習這些書所教
的內容：

- ▶ 《卡內基說話之道：如何贏取友誼與影響他人》（*How to Win Friends and Influence People*），戴爾·卡內基（Dale Carnegie）著。
- ▶ 《相信就能看見》（*You'll See It When You Believe It*），韋恩·戴爾（Wayne Dyer）著。
- ▶ 《銷售心理學》（*The Psychology of Selling*），布萊恩·崔西（Brian Tracy）著。
- ▶ 《差異製造者》（*The Difference Maker*），約翰·麥斯威爾（John Maxwell）著。
- ▶ 《信心》（*Confidence*），羅莎貝絲·肯特（Rosabeth Kanter）著。
- ▶ 《與你在巔峰相會》（*See You at the Top*），吉格·金克拉（Zig Ziglar）著。

---

③ 試圖嘗試不同的方法或想法，看哪一種最有效。丟到牆上是為了測試熟了沒。

▶ 《銷售巨人：教你如何接到大訂單》（*Spin Selling*），尼爾，瑞克門（Neil Rackham）著。

　　然後，在跟客戶互動之前，你必須先考到證照。這些考試是根據你將要銷售的產品設計的，並不困難——而且你不需要文憑就可以考。但是要注意：在許多企業，要是你沒一次考過，你可能得走人。

　　再來便是上場銷售了。而且如果你不銷售，公司很快就會請你走路。許多公司都有定期配額，例如你每個月在新客戶方面都得做到 50 萬美元的業績。做不到，就請另謀高就吧。我這不是要勸阻你，而是強調學習銷售的重要性。你或許是預測市場的能人，但如果沒有客戶願意上門，換條路徑走吧。你的公司應該會給你客戶名單讓你聯絡，但之後就是你的事了。

▋理財業致富

　　接下來，你想成為哪一種類型的理財業者呢？有兩種路線可以考慮——**佣金制**或**收費制**，取決於你如何收費，或許還取決於你銷售的產品為何。

　　佣金制（依次取用佣金）的業者——就像證券和保險的經紀人——是為了佣金而銷售**產品**（例如股票、債券、共同基金，甚至保險）。你賺多少全都取決於銷售多少產品。例如有一名客戶有 100 萬美元，你把股票賣給他，收取 1%佣金，你就賺進 1 萬美元。你再繼續找客戶跟賣產品，收入就會滾滾而來。佣金制的基本商業模式是：

1. 找到客戶。
2. 把產品賣給客戶。
3. 收取佣金。

你賣多少賺多少。想要月薪 25 萬美元嗎？假設你抽 1%佣金，表示你得賣掉 250 萬美元的產品。怎麼做？找 100 個能下單 25 萬美元的客戶，或是找 50 個能下單 50 萬美元的客戶！由你決定。缺點是什麼？除非你讓客戶賣掉你賣給他們的東西，然後再跟你買新產品，否則來年你會需要再開發一大堆新客戶。你的時間都花在找客戶上。但如果你是找客戶的高手，沒問題！就是**佣金制**了。

收費制（按客戶資產規模收費）的業者——像是投資顧問、資金經理人（money manager[④]），或是對沖基金——提供服務，收費是根據相關資產的某個百分比。例如你有 100 位客

[④] 一般來說，資金經理人和基金經理人（fund manager）可以互用，但兩者還是有所不同，前者服務個人，包括為個人做投資規畫；後者服務的是基金，專注於基金本身的組成與績效，並未個別地服務所有基金投資人。

戶每個人拿出 25 萬美元給你投資。你每年收費 1.25%（這是收費制顧問的常見費率），那就是 31.25 萬美元的年收入（只要客戶一直都在）。他們的資產成長得越大，你收到的費用就越高。如果你的客戶都沒跑掉，加上市場的幫忙，來年你可以賺更多！但要是資產縮水，你的收入也會減少。收費制的商業模式是：

1. 找到客戶。
2. 保住客戶。
3. 為他們做好投資。

你的收入取決於你募集了多少客戶資產、你是否有好好留住客戶，以及你（或你的公司）為他們賺進多少報酬。

我在幾十年前開始收費制。這種模式簡單又有魅力。我知道如果我能以 X% 的速度增加客戶（與最終淨值），並以 Y% 的速度讓他們的資產成長，我的公司就能以 X% ＋ Y% 的速度成長。要是每年以 15% 的速度增加新資產淨值，資產又以每年 15% 的速度成長──公司就會一年成長 30%，這是非常高速的成長。正是這個 X% ＋ Y% 公式中的 Y 讓這種模式這麼有魅力。而過去 35 年來，我的公司每年的平均成長率，恰好略高於 30%。不管從事什麼行業，如果你能每年以 30% 的速度成長，持續 25 年都不對外出售公司股權，那無論依照誰的標準，你最終都將非常有錢。

為事業估值

所以你要選佣金制還是收費制呢？要決定這件事，就要像企業主一樣思考。以下有一個練習，幫你評估。

1. 請瀏覽晨星公司官網（Morningstar.com）。
2. 搜尋任一檔股票，如駿利資產管理（Janus Capital，收費制）共同基金，或是像美林這種大型券商（佣金制）。
3. 在左列點選「快取」（snapshot）鍵。
4. 點選「同業」（industry peers）鍵。注意：一家企業是否被列為同業，是由晨星官網決定的——有時結果是錯的。例如，美林的同業包括高盛、摩根士丹利（其他券商），但是還有紐約泛歐交易所（NYSE Euronext）和那斯達克股票市場（Nasdaq Stock Market）。別管這些交易所。
5. 列出類似公司的清單。
6. 將公司的總價值（市值）除以銷售額，得出一個比率。
7. 看誰的比率高，誰的比率低。

　　我已經幫你做好範例。你可以依樣畫葫蘆，選擇任何股票來進行分析。表 7.1 顯示共同基金公司的結果——全是收費制的公司。

表 7.1　共同基金市值 V.S.銷售額

公司	市值 （百萬美元）	銷售額 （百萬美元）	倍數
貝萊德（BlackRock）	$59,318	$11,401	5.2
紐約梅隆銀行 （Bank of New York Mellon）	$45,269	$15,194	2.9
道富（State Street）	$24,892	$10,360	2.4
富蘭克林資源 （Franklin Resources）	$21,660	$ 7,949	2.7
普徠仕（T. Rowe Price）	$19.027	$ 4,201	4.5
景順投信（Invesco）	$12,976	$ 5,123	2.5
伊頓萬斯（Eaton Vance）	$ 4,181	$ 1,404	3.0
美盛集團（Legg Mason）	$ 3,557	$ 2,661	1.3
駿利資本（Janus Capital）	$ 2,754	$ 1,076	2.6

資料來源：晨星官網（Morningstar.com），2016 年 6 月 2 日。[1]

　　大部分的基金管理公司，倍數從 2 到接近 5。美盛集團和貝萊德在這個範圍之外。所以市場才會說，這類公司的價值是他們年銷售額的 2 到 5 倍。

　　表 7.2 列出佣金制的券商。注意，券商的市值營收比，多

數低於 2！只有嘉信理財集團和德美利證券⑤數值超過 2 倍（嘉信有龐大的共同基金事業，而且是收費制與佣金制混合）。市場對佣金制公司的估值，是收費制公司的一半。那佣金制有優點嗎？即便是中等規模的券商，資金規模也比幾乎所有的資金經理人都還要大。佣金制的生意大得多，但價值並沒有一樣高。這是你要取捨的——資金規模更大，還是更有價值（注意：即便是貝爾斯登〔Bear Stearns〕，在 2008 年瀕臨破產之前，獲利也跟同業們不相上下）。

表 7.2　券商的市值 V.S.銷售額

公司	市值 （百萬美元）	銷售額 （百萬美元）	倍數
高盛集團 （Goldman Sachs Group）	$66,139	$39,208	1.7
摩根士丹利 （Morgan Stanley）	$53,113	$37,897	1.4
嘉信理財集團（Charles Schwab）	$39,848	$ 6,501	6.1
德美利證券（TD Ameritrade）	$16,876	$ 3,427	5.2
雷蒙詹姆斯金融公司 （Raymond James）	$ 7,710	$ 5,308	1.5
億創理財（E*Trade）	$ 7,628	$ 1,557	4.9
拉查德（Lazard）	$ 4,500	$ 2,405	1.9

資料來源：晨星官網（Morningstar.com），2016 年 6 月 2 日。[2]

---

⑤ 嘉信的子公司。

表 7.3　保險公司的市值 V.S.銷售額

公司	市值 （百萬美元）	銷售額 （百萬美元）	倍數
美國國際集團（AIG）	$64,624	$58,327	1.1
丘博保險集團（Chubb Ltd.）	$58,696	$18,987	3.1
大都會人壽保險（MetLife）	$49,527	$69,951	0.7
保德信金融集團 （Prudential Financial）	$34,683	$57,119	0.6
旅行家集團（Travelers）	$33,216	$26,800	1.2
美國家庭人壽保險公司（Aflac）	$28,639	$20,872	1.4
全州保險公司（Allstate）	$25,273	$35,653	0.7
美國信安金融集團 （Principal Financial）	$12,765	$11,964	1.1
林肯全國保險 （Lincoln National）	$10,819	$13,572	0.8

資料來源：晨星官網（Morningstar.com），2016 年 6 月 2 日。[3]

　　保險業（見表 7.3）也是一樣——甚至仰賴佣金的程度比券商更高。他們的市值營收比率更低，企業營收的價值低於券商，但是潛在業務規模可以做得非常大。表 7.3 規模較小的玩家，總業務規模都比許多基金公司還要大。

　　注意：大型保險公司的歷史比多數券商悠久，也比許多資金管理公司更悠久。因此，應取捨之處在於業務規模、年營收的價值，以及公司壽命。要像一個理財業的創業執行長般思考。如果法律限制年營收最高上限是 10 億美元，不能再多了，那你很容易就會想要採取收費制——企業價值高得多。在收費制即使只是略有斬獲，也能讓你賺得很多、走得很長遠。

　　這不是在看輕保險業跟券商——他們創造大量的超級富豪。有些人把巴菲特視為投資人。他其實是保險業的執行長。巴菲特的特別之處在於，大部分保險業的理財業者，跟巴菲特的副手蒙格一樣，資產淨值只有區區幾十億美元。威廉・伯克利（William Berkeley）創辦了一家同名保險公司，價值 13 億美元。[4]1960 年代早期挨家挨戶推銷保險的喬治・約瑟夫（George Joseph），注意到汽車保險業者沒有適當地留意駕駛的安全性（driver safety），為了把這件事做得更好，他於 95 歲高齡創辦了水星保險集團（Mercury General）[5]，資產淨值 15 億美元。派屈克・萊恩（Patrick Ryan，資產淨值 24 億美元）創辦的公司，後來成為全美最大的再保險經紀商。[6]但是除了巴菲特，他們的財富跟收費制的財富無法匹敵——最有錢的前 15 名列於表 7.4。

　　除了查爾斯・施瓦布，桑蒂・威爾（Sandy Weil，資產淨值 11 億美元）也是出身佣金制的券商，[7]但是就連他也已經進化，擺脫了佣金制。威爾最初是一家真正券商的執行長，而且是券商裡的風雲人物，他靠著把全部身家押注在保險業者旅行家集團而致富，這家保險公司後來被併入花旗集團（Citicorp）。他的鉅富，來自擔任花旗的執行長（第 2 章），不算是來自保險業或證券業。

　　身為一個收費制的理財業創業執行長，我甚至沒有成功到

表 7.4　採取收費制的理財業者，最有錢的名單

姓名	成名原因	資產淨值
喬治・索羅斯（George Soros）	大量的對沖基金，以及讓英鎊貶值	249 億美元
詹姆士・西蒙斯（James Simons）	對沖基金	165 億美元
瑞・達利歐（Ray Dalio）	對沖基金	159 億美元
卡爾・伊坎（Carl Icahn）	同名公司以及經常在推特上發文	157 億美元
阿比蓋兒・強森（Abigail Johnson）	富達投資公司（Fidelity Investments）	132 億美元
史蒂夫・柯恩（Steve Cohen）	對沖基金以及在法遵方面做得很差	130 億美元
大衛・泰珀（David Tepper）	阿帕盧薩管理公司（Appaloosa Management）	114 億美元
史蒂芬・史瓦茲曼（Stephen Schwarzman，一譯為蘇世民）	黑石集團（Blackstone Group）	103 億美元
約翰・鮑爾森（John Paulson）	對沖基金	86 億美元
肯恩・葛里芬（Ken Griffin）	對沖基金	75 億美元
愛德華・強森三世（Edward Johnson III）	富達投資公司（Fidelity Investments）	71 億美元
查爾斯・施瓦布（Charles Schwab）	嘉信理財集團	66 億美元
約翰・格雷肯（John Grayken）	孤星基金公司（Lone Star funds）	65 億美元
布魯斯・科夫納（Bruce Kovner）	對沖基金	53 億美元
伊斯雷爾・英格蘭德（Israel Englander）	千禧管理公司（Millennium Management）	50 億美元

資料來源：《富比士》400 大富豪榜，2016 年 10 月 6 日。

擠進前 15 名最有錢的收費制理財業者。但我的小公司價值 35
億美元，已經跟任何保險業者（除了巴菲特）一樣高，我覺得
可以了。這就是收費制理財業的一大魅力。你不必要做到整體
上這麼大規模，才能變得更富有。

　　話雖如此，證券業還是很賺錢的。摩根士丹利執行長詹姆
士‧高曼（James P. Gorman），2015 年的薪酬是 2,210 萬美
元，高盛集團的勞爾德‧貝蘭克梵（Lloyd C. Blankfein）則是
2,260 萬美元。兩位都不及第 1 版所強調的超級高薪，曾有數
字更令人目眩神迷的時代，不過那是在 2008 年的危機以前。
可能要很多、很多年後，券商的高階主管才有可能超越德美利
證券的前執行長喬‧莫格利亞（Joe Moglia）2007 年的 6,230
萬美元年薪（以及卡羅萊納海岸美式足球隊〔Coastal Carolina
Chanticleers〕這個大學美式足球校隊近期的總教練），或是雷
曼兄弟的代罪羔羊迪克‧傅德（Dick Fuld）的 5,170 萬美元。
話說回來，2,200 萬美元起跳不是小錢。即便是美銀證券
（America Merrill Lynch）布萊恩‧莫伊尼漢（Brian Moynihan）
的 1,380 萬美元，也不容小覷。[8] 要追求鉅額財富，收費制是
最佳選擇。但是要累積 200 萬至 5,000 萬美元的財富，任何形
式的理財業都可以。

▌對沖基金業

　　你喜歡巨大的風險和報酬嗎？喜歡特立獨行嗎？喜歡收取高額的服務費嗎？成立一檔對沖基金吧。對沖基金以 2 **加** 20（2 and 20）的商業模式而聞名：每年向客戶資產收取 2%的管理費用（例如幫客戶管理 100 萬美元資金，就可以向他們每年收取 2 萬美元），以及**每年 20%的投資報酬分紅！**如果你很行、走運，或是很行又走運，財富會迅速增加。

　　假設你估計某些股票類別在接下來 5 年會打敗大盤，也許是大型股、能源股或醫療類股，你賭這類股票會贏。你管理 1 億美元規模的「2 加 20 合約」。假設你的押注，在接下來 5 年平均每年是 20%：

- ▶ 第 1 年底，你的 1 億美元變成 1.2 億美元。你收取 2%（240 萬美元）加上獲利 2,000 萬的 20%（400 萬美元）──收益是 640 萬美元。
- ▶ 第 2 年開始，扣除費用後，資產現為 1.136 億美元。你又收取 20%，加上你的「2 與 20」費用──收益是 727 萬美元。
- ▶ 第 5 年，你的收益超過 1,060 萬美元！

　　5 年來，你收取的總費用將近 4,200 萬美元！這還只是用

你剛開始的資產去計算。當產生高報酬時，你會獲得更多客戶
與更多資產。

現在，假設你是一個固定收費制的資金經理人，下了同樣
的賭注──未來 5 年一樣每年投報率 20%，但你只有每年收取
1.25%的費用：

> ▶ 第 1 年，你的 1 億美元變成 1.2 億美元。你收取
>   1.25%──150 萬美元。已經不錯了，只是不是 640 萬
>   美元。
>
> ▶ 第 2 年扣除費用後，資產現為 1.185 億美元。你又收取
>   20%，加上你的 1.25%費用──收益是 178 萬美元。
>
> ▶ 第 5 年，你的收益是 296 美元。

5 年後，你賺取的總費用是 1,080 萬美元──已經很好，
但是跟 4,200 萬美元差得遠了。當然，你的客戶一定比較多，
因為你從他們資產所收取的費用比較少。但是一個對沖基金經
理人會想，「為什麼**不**為更多的報酬賭大一點？」如果你賭對
了，20%的「附帶權益」（carried interest[6]）非常龐大；如果你
賭錯了，你還是能收取 2%的資金管理費用，而且是年年收。
更神奇的是，萬一你賭錯，不必賠償損失的 20%！當然，如果

------

[6] 指投資基金經理人，從基金的投資獲利中分得的部分。

你賭錯，蒙受虧損的是客戶。身為對沖基金經理人，你要高報酬，就得犯大險。風險小，意味著報酬少。

對沖基金一點也不新奇，只是最近才變流行！在 1940 年以前，騙子會開辦兩檔基金。其中一檔基金，他們會說服一半的客戶，XYZ 股會漲，所以要買 XYZ；而另一檔基金，他們會說服客戶 XYZ 股會跌，所以要**做空** XYZ（先借股票來賣，期待股價下跌，再以更低價買回股票返還，把價差收進口袋）。這兩組客戶都不知道彼此的存在。只要 XYZ 股波動，這兩檔基金都會獲得 10%的波動。賠錢的客戶解雇了騙子並離開；賺錢的客戶不知道這是騙局，而且實際上會捧來更多錢，交給騙子繼續下注。這種詐欺手法直到 1940 年的《投資公司與投資顧問法案》出爐，才退出市場。

但你可以全憑運氣對某一邊下大注，然後中大獎或打包回家。如果你運氣很背，你很快就會選別條路走。如果你很幸運，我敢保證：很少有觀察家會認為這只是運氣。你也不會。最佳的對沖基金創辦人不會只是走運——他們技術嫻熟。但很少有對沖基金中大獎，更多的是打包回家。這個競技場上點綴著令人讚嘆的成功，但是大部分對沖基金很快就下台一鞠躬了，很少撐超過 2 年，通常在那之前所有投資人就贖回並離開了。我認識好幾十個開辦對沖基金的人——長期屹立不搖的只有 2 位。這行危機四伏，當你的職業是下鉅額賭注，那是很傷神的。因為這個原因，吉姆·克瑞莫辭職不幹了。我也看過有人經營多年，卻突然毀於一旦，最後一無所有。

對沖之路

　　對沖基金通常操作特定品項，像是可轉換套利（convertible arbitrage[7]）、不良證券（distressed securities[8]）、股票多／空對沖（long/short equity[9]）、市場中性（market neutral[10]）等等。投資人可以購買不同品項的對沖基金來分散投資（不過這麼做的投資人，報酬率勢必會比較難看。因為無法廣泛地分散投資，又得支付鉅額費用，最終還依然領先大盤——見第 10 章關於省錢的相關討論）。

　　對沖基金的雇用方式也很多樣化。要走這條路，只需到處投履歷——霰彈槍的風格！你在 Google 上搜尋，可以找到無窮盡的名字——上千筆。大部分對沖基金不雇用人。大部分只有一個人，在臥室外獨自操作著 1,000 至 4,000 萬美元。但如果你繼續找，將會找到開出職缺的——都是操作規模更大的對沖基金。

---

⑦ 通常指可轉換成股票的公司債券，在股價與債券價格之間，存在套利空間。

⑧ 指公司或政府實體遭受財務或運營困境，因而違約或破產的證券。

⑨ 指同時持有股票的多頭與空頭部位，在波動中控制虧損風險，這也是對沖基金又被稱為避險基金的原因。

⑩ 指同一檔股票等量做多與做空，再把做空的部位拿去貨幣市場賺取利息。

　　這份工作沒有保障，一檔基金可能很快就搞砸了。除非你是創業執行長或是搭順風車的副手，否則我不建議你做很久，但這是一個學習跟投入市場的好地方。工作個幾年，搞懂形勢與發展趨勢。然後你可以成立自己的對沖基金。

　　對沖基金受政府監管，但相當寬鬆，所以設立門檻不高。一家具備對沖基金專業的律師事務所，像是舊金山的夏蒂斯·佛瑞斯（Shartsis Friese）事務所，能幫助你合法設立公司，並且帶你輕鬆了解法規（要了解更多法律事務所的對沖基金業務，請追蹤以下網址：http://bestlawfirms.usnews.com/search.aspx?practice_area_id=33&page=1）。

　　接著，你需要推銷基金、招攬客戶，儘管你可能會很討厭這麼做。經營對沖基金的戰術其實大同小異。留心你的法律事務所的注意事項，然後找出你發自內心相信未來前景真的很好的標的，並賭上你的房子。

　　通常人們在創辦自己的基金之前，會先找個大戶投資人當靠山。如果你是美林的證券經紀人，客戶名單的總資產為 1 億美元。當中有一頭 4,000 萬美元的大象，你一直都把他服侍得無微不至，投入了大量時間。人們經常判定，他們可以偷走對沖基金的大象，能偷多少盡量偷，就像其他事物一樣。所以你辭職了，開辦了自己的對沖基金，有一個可以當靠山的客戶，然後以此為基礎開始打拚。

　　整個流程不會比下面的步驟更複雜：

1. 下個大注。
2. 找個挺你這樣下注的客戶。
3. 遵守適用的法規……
4. 並收取「2 加 20」的費用。

近期最成功的對沖基金經理人或許是肯恩·葛里芬，他今年 46 歲，資產淨值 75 億美元，[9] 在 1990 年以經典的對沖形式，創辦了城堡投資集團（Citadel Investment Group）。現在他旗下有多種投資類別的團隊，對微小的獲利潛能下大注，他非常倚重槓桿來獲取高報酬。他是一號狠角色，因為大部分嘗試他的做法的人都失敗了。

就算你成功，你的未來還是充滿不確定性。我認識艾力克斯·布洛克曼（Alex Brockmann）是透過他的父親，當時他還是個男孩，而且非常聰明。艾力克斯曾經為葛里芬交易拉美公債，因為績效很好，他的收入也超優。他在 2007 年賺進鉅額的錢──他的投資方式有效，葛里芬也滿意地為此付錢。現在他在交易通資本公司（TradeLink Capital）管理期貨基金，並在 2015 年打敗他的同業。但是艾力克斯知道他活在刀口之下。他知道要是 2016 年投資不順，2017 年他就不在了。

我的第一個舉例是預設毫無投資技能──全憑運氣。肯恩·葛里芬顯然具備投資技能。回頭去看收費制的理財業者名單──這就是名聲赫赫的對沖基金經理人（索羅斯、柯恩、科夫納、西蒙斯）能夠達成其成就的方法——為了賺進鉅額費用甘冒大險。這需要能忍人所不能忍，這一點沒人比愛德華・蘭伯特更清楚了。蘭伯特最近的資產淨值是 23 億美元，但他還年輕，未來資產淨值可望更高。蘭伯特以眼光銳利而聞名，2002 年他以跳樓大拍賣的價格買下美國第 3 大折扣商店 Kmart，當時大部分人認為這注定是一場災難。但是 Kmart 扭轉頹勢，開始為蘭伯特的 ESL 私募對沖基金賺進鉅額利潤[10]（再一次，危機入市奏效了）。現在他試圖整頓西爾斯百貨（Sears），這是他在 2005 年為 Kmart 併購的百貨公司。成效尚不明朗，但是給他一點時間吧。

但他差一點就沒機會完成這筆交易了。有一天晚上，就在剛買下 Kmart 不久，蘭伯特下班去開車的途中被 4 名武裝男子抓住，矇眼綑綁後丟進一台休旅車。他在骯髒的汽車旅館浴缸裡被綁了兩天。蘭伯特相信他們會殺了他，但他保持冷靜。他發現他們亂成一團。他們先是宣稱有人花了 500 萬美元請他們殺他滅口[11]，但隨即又改口說他們綁架他是為了索討 100 萬美元贖金[12]。他們有武器而且很嚇人，但是年輕又慌張。結果真相是，原來這次的綁架並未經過精心策畫，4 名歹徒只是上網搜尋當地的有錢人，然後找到了蘭伯特[13]。

蘭伯特試著談判，不斷提出更高的贖金數字，無論他們之前拿到怎樣的開價。他說他們應該放他走，因為只有他能在鉅額贖金支票上簽字。但他不經意地聽見他們點了比薩，這下他的機會來了──他們刷蘭伯特的卡！他指出，警方會警覺他的信用卡被盜刷──難道他們沒想到嗎？不想吃牢飯的話，他們唯一的一條路是放他走，現在，然後快去跑路。蘭伯特提醒他們，他認不出他們是誰──當他們為了讓他吃東西摘下他的眼罩時，他機警地移開視線。[14] 周日早晨，他們在高速公路上放了蘭伯特，距離他家幾英里遠。直到他們離開，他依然怕他們可能會殺了自己。蘭伯特步行到康州格林威治（Greenwich[⑪]）的警察局。幾天後，警方逮捕了綁匪。[15] 蘭伯特可能會驚慌失措而放棄，但他保持冷靜專注，用創意思考解救自己的方法。堅毅、冷靜，而且鎮定！要在對沖基金的世界裡蓬勃發展，你也必須這樣！你夠堅毅嗎？

▎私募基金業如何賺大錢

私募股權（private equity）跟對沖基金很像，也走「2 加 20」收費路線。私募股權基金接管陷入困境的上市公司，加以整頓，然後轉手賣出。這種操作通常稱為**槓桿收購**（leveraged buyouts）。你接管公司，也許引進新的管理階層，砍掉虧損的部門，挹注資金給賺錢的部門，也許之後再以更高價格上市。

---

⑪ 美國最富裕的社區之一，鄰近紐約，但因為稅率比曼哈頓低，吸引許多對沖基金進駐，住有許多對沖基金創辦人。

處置得宜的話，這門生意非常有利可圖。部分出自知道如何融資得宜；另一部分出自以下技能：能在沒人看出潛力時、發現陷入困境的公司，又能便宜買進，買進後有能力整頓公司，能夠把獲利提升到讓收購產生的利息成本只是九牛一毛。

　　近年已經看見創紀錄的收購活動──讓私募股權公司的股東們賺飽荷包。KKR 集團（Kravis, Kohlberg, and Roberts，KKR）在 2010 年上市，至今依然忙著賺大錢。共同創辦人傑若姆・科爾博格（Jerome Kohlberg）在 2015 年過世，但是亨利・克拉維斯（Henry Kravis）和喬治・羅伯茲（George Roberts）還在公司，坐擁 45 億美元的資產淨值。另一個抓住時代優勢的，是凱雷集團（Carlyle Group）的創辦人們──小威廉・康威（William Conway Jr.，資產淨值 24 億美元）、丹尼爾・丹尼耶洛（Daniel D'Aniello，資產淨值 24 億美元）和大衛・魯賓斯坦（David Rubenstein，資產淨值 24 億美元）。[16]

企業狙擊手讓世界變得更美好

　　媒體將這些理財業者描繪成貪婪的卑鄙小人，但是為什麼呢？在宣布收購的時候，股價會猛漲一波。這是資本主義的進化過程。我們都受益於改善的效率、生產力和創新。這些公司被收購後，是否都成為更好的公司？並不盡然。事情有可能出差錯，但收購方最好讓公司起死回生，否則他們自己會也無法再生存下去。而死氣沉沉的上市公司執行長們，如果不想被收

購（以及丟了工作）的話，也知道他們最好要改善，以免遭到
淘汰，這有刺激企業生產力的效果，員工、股東、顧客等，人
人都因此受惠。

責難這些理財業者的收入太高，是當前的一種時尚。（如
果媒體大幅報導某一類人的薪資，你就知道你找到了正確的致
富之路）。克拉維斯先生意外發現自己成了一套諷刺紀錄片
（mockumentary⑫）的主角——《貪婪之戰：亨利·克拉維斯的
住宅們主演》（The War on Greed, Starring the Homes of Henry
Kravis）——據說是以「輕鬆」的手法探討私募股權的「過分
行為」。片中將克拉維斯先生的住宅們與普羅百姓樸素的家對
照，並詳細介紹克拉維斯的收入。

克拉維斯先生超級有錢，但當中並沒有犯罪所得（如果你
認為有錢就是罪，那你需要別本書。試試米爾頓·傅利曼
（Milton Friedman）的《選擇的自由》〔Free to Choose〕）。這齣
電影的導演羅伯特·格林沃德（Robert Greenwald）說：「我看
到這兩位的收入數字，我真的不信。我覺得出錯了。我是紐約
人，許多紐約人的心裡都深植著平等主義。」**17** 格林沃德之流
的人反對賺大錢，認為這樣「不公平」。他們的觀點至今流行
不輟，受到「占領華爾街」的群眾和兩黨政治人物的支持。如
果這些男男女女想要「公平」，他們應該去看古巴和委內瑞

---

⑫ 將虛構事件包裝成紀錄片形式的電影或電視節目。

拉，看看「公平」如何真的起作用。在委內瑞拉，公平帶來了 2015 年全球知名的衛生紙短缺。在這些私募股權公司工作也不錯。有許多艾力克斯・布洛克曼這樣的人，和許多有錢的副手（第 3 章），以及只是賺取高薪然後明智投資的一般職員（第 10 章）的人。

▌切勿違法

　　理財業理的是別人的錢，因此「不會違法」至關重要。理財業者有時會忘記。騙人或許會致富，但是守不了財。有些理財業者可能會合法致富，然後開始詐欺。有些單靠詐欺變有錢。不管哪一種，財富都守不住。這不只是法律和道德的問題，還是壞生意。只要問問柏尼・馬多夫（Bernie Madoff）就知道，他的資產淨值本來有數十億，在 2009 年史上最大金融詐欺案破產後，變成 170 億美元（是的，是負數的 170 億。他欠下很多錢）。他被判處無期徒刑，他的長子自殺。很顯然，犯罪到最後不會獲得報酬。

來自交易的教訓：像維拉這種惡棍

　　這些逾越道德的教訓有許多口味。我首先想到的是史強資本管理公司（Strong Capital Management）的前執行長迪克・史強（Dick Strong）。這是一家 1973 年創立、曾經十分成功的基金公司，如今已走入歷史。2003 年時，他在《富比士》400 大富豪榜排名第 318 名，估計資產淨值有 8 億美元。到了 2004年，他完蛋了。監管單位盯上史強，他一直在為自己的帳戶短期交易自己的資金——不是明確違法的行為。但是身為共同基金執行長，沒有揭露自己這種行為，有損基金持有者的權益，這一點惹惱了監管單位。當這一切朝內線消息的方向發展，便走向了死胡同，就像報導中的史強那樣。[18]

醜聞爆發後，史強辭職，但為時已晚。公司活不下去，富國銀行以超低折扣價買下這家公司，並拿掉了公司名稱裡史強的冠名。他的「逾越道德」值得嗎？絕對不值。據報導，他的交易圖謀只幫他淨賺了 60 萬美元。[19] 這樣的獲利可能是近期公開紀錄中代價最高的獲利了。夾在罰款與他的公司出售時被嚴重砍價之間，史強只保有他先前財富的一丁點。而且他被懲處終身不得回到這個產業。被砍價、被逐出業界、名聲毀了，財富又只剩一丁點。天哪！

然後是亞伯托·維拉（Alberto Vilar），一個看起來就預謀詐欺的惡棍。他很有本事，但也很偏執。早年我們都剛建立自己的公司時，我在相同場合、研討會、會議與比賽中見過他。我們會聊一下。他渾身是刺，太傲慢、強硬和講究排場！他約會的女人太年輕、太美麗、穿太暴露了！至少我太太這麼想，她說這個人讓她起雞皮疙瘩。

他吹噓著所有他協助過募資的超級成功新創企業——像是

英特爾（Intel）。很難分辨哪一個是真的、哪一個是假的，因為聽起來太多了。他吹噓在古巴強人卡斯楚執政前權貴家庭裡長大，後來卡斯楚凍結了他家的資產，從此他一貧如洗。但是他最親密的朋友後來說這是虛構的——他在美國新澤西長大。[20]

他的投資故事也很嚇人，好比他在 1990 年代晚期的科技股報酬率。2004 年時，他在《富比士》400 大富豪榜中排名第 327 名，資產淨值據估計是 9.5 億美元。[21] 但是他的公司資金規模沒有那麼大，在 2000 年的巔峰時期只有管理 70 億美元，到 2004 年時突然掉到 10 億美元以下。對照本章前面的表格——在巔峰時期，你不會認為逼近 9.5 億美元。他說服大眾（包括《富比士》）他在公司之外持有大量證券——價值大於他的公司。有些人是這樣。但是《富比士》400 大富豪榜有一條內規是，《富比士》的人員會對那些試圖上榜的人抱持懷疑態度。他們知道他們通常會誇大資產淨值——實際上資產或許少很多。那就是維拉，但他還是很令人信服。

維拉是歌劇的重量級贊助人。據估計，多年來他捐贈逾 3 億美元給藝文界[22]（然而，即便不是占多數，也有一部分不是他捐的）。當維拉的科技股比例高超的基金遇上科技股崩盤跌掉逾 80% 時，他推遲了承諾要捐給大都會歌劇院（Metropolitan Opera House）的數百萬美元（他們早已把他的名字掛在建築上！）調查人員找上門，他在 2005 年被指控郵件詐欺。這位宣稱在公司之外還有鉅額投資的超級富豪，拿不出 1,000 萬美元的保釋金。[23] 在我看來，他的資產淨值大部分，和他的出身背景一樣是捏造的，他沒有捏造的是已經捐給歌劇院的部分。

維拉的演技或許不到歌劇等級，但有很長一段時間，它給了他輝煌的生活風格。我那結縭 46 年的妻子依然納悶，他身邊那些穿著布料很少、令人想入非非的年輕女人，現在作何感想。現在有更多維拉。不會只有一個。

算不上大惡棍，但足以造成大傷害

偶爾會出現維拉這類惡棍，在被揭穿之前短暫登上《富比士》400 大富豪榜，但是大部分壞蛋上榜之前就逮了，法蘭克・格魯塔多利亞（Frank Gruttadauria）就是這樣。2000 年代他服刑了大約 7 年，罪名是約 3 億美元的客戶詐欺案，外加做偽證、妨礙司法、行賄和敲詐勒索，甚至被指控逃逸！

身為雷曼兄弟在克利夫蘭的分行經理，格魯塔多利亞進行的基本上是一場目標鎖定高齡客戶的龐氏騙局（Ponzi scheme）。他把客戶存款轉到人頭戶長達 15 年！客戶渾然不覺，因為格魯塔多利亞竄改對帳單，虛報帳戶價值。當對帳單上顯示淨值大幅成長又沒有虧損時，又有誰會抱怨呢？當客戶想要贖回，他用其他客戶的帳戶開支票。同時，格魯塔多利亞享受著鄉村俱樂部、滑雪公寓、私人飛機和情婦。[25]

格魯塔多利亞是被網路時代幹掉的。他告訴高齡客戶，雷曼無法網路連線。一位相對較懂網路的老奶奶疑惑，為什麼她的帳戶沒有受到科技股崩盤衝擊。[26] 她帶領一批客戶上網，發現他們的帳戶都是空的，儘管某些個案顯示每月的對帳單有好幾百萬美元。由於格魯塔多利亞製作假報表太久了，很難知道他偷搬走多少錢，調查人員估計至少從 50 名不同客戶，偷走4,000 萬美元。但由於報酬率遭到竄改，客戶們認為他們損失的金額更高。[27]

2015 年，摩根大通（JPMorgan Chase & Co.）的麥可·歐本海姆（Michael Oppenheim）坦承他 7 年偷走客戶 2,200 萬美元，以解他的賭癮。他曾經手上有 500 名客戶，管理逾 9,000萬美元資金。他對證券詐欺和盜用公款認罪，他說：「法官，我對我的行為感到羞愧。真希望我早點被抓到。」[28] 我也希望。

你或許以為馬多夫因為詐欺案被逮捕而上頭條新聞後，投資人比較能識破詐欺犯，以及詐欺者的伎倆。但可悲的是，騙子還是找得到一大堆獵物，即便是精明又很懂的人！代表人物：艾倫·葛雷森（Alan Grayson，民主黨佛州參議員）在2013 年是全美最有錢的國會議員。他是白手起家的百萬富翁，擁有哈佛經濟學學位和哈佛法學院的博士學位，也是一位成功的律師，在詐欺案中代表吹哨者。理論上，他看起來不會被騙！但是一位名叫威廉·迪恩·查普曼（William Dean Chapman）的「財務顧問」，騙了他 180 萬美元。[29]

查普曼怎麼做到的？又靠炫耀他的投資戰術和聽不懂的行

話。他說服葛雷森和其他 121 名受害者，把股票簽字轉讓給他，作為 3 年期現金貸款（其價值為股價的 85%）的抵押品。根據美國證券交易委員會（SEC）的文件，他「向借款人擔保，（他）將採取『套利交易』的策略，將會『對沖』或跟對手簽約，以確保全部的有價證券能夠歸還。」[30] 如果你懂金融，或是花 3 分鐘 Google 一下，就會知道是什麼對沖，但是受騙的人不會費心去做盡職調查。他們以為貸款到期後，查普曼就會歸還股票。結果沒有，他全部賣光光，拿去償還更早之前的貸款，和供應自己揮霍的生活方式。他被判處 12 年刑期。

識破詐欺者

如果你知道該尋找什麼，其實詐欺犯很容易識破。我在 2009 年寫了一整本書談這件事——《投資詐彈課；識破投資騙局的 5 個警訊》，不過騙子有 3 種共通的特色：

1. 他們保管顧客的資產。
2. 他們宣傳好到不真實的報酬率。
3. 他們的策略複雜、曖昧，充滿行話。

許多人來會利用別人所認知的威望與社會關係——例如麻省理工學院商學院的前教授兼院長加布里歐·拜崔恩（Gabriel

Bitran），目前正在服他的 3 年刑期。他和其子創立了一檔對沖基金，吹噓有在學校研發出來的「複雜數學交易模型」，實際上他們進行的是一檔「組合型基金」（fund of funds），並決定拿 1,200 萬美元的客戶資金來幫助自己。[31] 剛開始服 25 年刑期的肖恩·梅多斯（Sean Meadows）向親友騙取了好幾百萬美元，承諾他們每年 10%的報酬率。[32] 他沒有把錢拿去投資，而是揮霍在賭城縱情聲色、線上賭博、勞力士、花園住宅、昂貴汽艇，以及一輛 1968 年的大黃蜂（Camaro）上。[33]

再說一次：不要違法。君子愛財，取之有道。要保護聲譽，你的事業要奠基於為客戶做正確的事，把他們的目標變成你的目標。要站在他們的立場想，讓你因為價值觀而跟其他同業有所區隔。以誠信、努力和好的成果爭取別人的信任，他們將會告訴朋友，傳出好口碑。你將會比那些不擇手段走最輕鬆的路徑的卑鄙小人，更成功也走得更長遠，而且你退休後絕對不會吃牢飯。

■ 熱愛資本主義，別太在意社會觀感

先警告你：這條致富路徑可能會讓你不受歡迎。還好，像維拉和格魯塔多利亞這樣轟動社會的頭條是罕見的例外，但他們的存在是這條賺大錢的路徑受到好萊塢猛烈攻擊、在我們的文化中擴散壞人形象的一大理由。電影中的反派經常是富裕的

華爾街人士，靠著壓榨貧窮的無產階級讓自己暴富。理財業者不會是電影英雄。好萊塢和流行小說裡盡是邪惡的理財業者：《搶錢大作戰》（*Boiler Room*）、《美國殺人魔》（*American Psycho*）、《走夜路的男人》（*Bonfire of the Vanities*）、《A 錢大玩家》（*Rogue Trader*）、《第六感生死戀》（*Ghost*）、《華爾街之狼》（*The Wolf of Wall Stree*），以及它們的祖師爺《華爾街》（*Wall Street*）。就連《你整我，我整你》（*Trading Places*）這齣搞笑電影也暗示理財業者是壞蛋。但事實上只有少數業者是這樣。

　　如果你在這條路徑上飛黃騰達，就會讓自己被社會刻板印象貶低。有些人可能會不喜歡你。但是成功的理財業者不太會把社會觀感放在心上。他們會高度重視的是資本主義。他們在靠近資本市場定價機制的核心之處操作股票，在激烈競爭的主力當中討生活。這是超級富豪的絕佳路徑。我知道，因為我一輩子都在這條路上活著。這是個你靠著幫助別人變有錢，而讓自己變有錢的美好世界。這是你可以自豪的世界，也是個別人會以為你不該自豪的世界。如果你跟蘭伯特一樣堅毅，但是不會變成維拉那種惡棍，而且想要輕鬆致富，或是讓自己置身於大部分富豪的所在之處，那在我看來，理財業就是你所能選擇的最佳路徑。

理財業致富指南

理財業是相當可靠的致富路徑，只要你遵循以下超簡單的指南。

1. **熱愛資本主義與自由市場。**很多人——甚至連被誤導的華爾街人士，都認為資本主義不健全、惡劣或殘酷。不！沒有產生與打造社會財富更好的制度了。是啊，這裡頭有輸家也有贏家，但是資本主義不是零和遊戲。你每賺 1 美元不代表有人損失 1 美元。資本主義讓人人有機會，要怎麼應對機會取決於他們。而沒有自由市場的話，就沒有理財業。所以，熱愛它吧。

2. **獲得客戶。**你必須銷售。你可以：（a）透過介紹，或者（b）直接銷售。兩者都有效，你可以兩種都做。直接銷售，你設法讓你眼前的人下定決心。大部分人都看過我公司的廣告文宣。無論是 DM、網路廣告、廣播、新聞或是電視廣告。許多人以為如果你下了大量廣告，你的產品不可能多好。說這種話的人，都想得不夠通透。去跟寶潔（Procter & Gamble）說啊。你所使用的行銷管道，跟你還為顧客做了些什麼，彼此之間毫無關係——從來沒有。

   找人介紹意味著打電話給別人，請他們推薦朋友與人脈。常見的方式是拜訪會計師與遺產規畫律師，他們的客戶可能需要你的服務。

3. **留住客戶。**留住客戶有兩個子範疇：績效與客戶服務。

a. **績效**。投資績效，不代表每天、每周和每年都要
    輕鬆打敗市場，而是設定務實的客戶期待並達成
    這些目標。聽起來很容易？不！客戶經常期待過
    高，例如無風險卻高報酬——神話故事。設定期
    待值是對客戶教育的基本原則，並屬於這句真
    言：「承諾的少，做到的多。」

    說到這，請避免把話說滿。理財業者，尤其是剛
    入行的人，可能會為了爭取生意，把客戶所能期
    待的空間誇大了。這麼做只會讓你跟成功絕緣，
    客戶流失率變高。

    超越客戶的期待值能幫助留住客戶，並防止客戶
    做出有可能傷害到他們自己的事，像是追逐熱市
    （hot market）卻遇到熱市變涼。

b. **客戶服務**。如果你績效很棒，卻沒關心客戶，你
    會失去這些客戶，因為有別的業者會關心他們。
    投入理財這一行將近 45 年，我認為績效很重要，
    但經營成功是績效跟客戶服務各占一半（另一種
    方式是，第三「半」是銷售與行銷）。太多人認為
    不是靠績效就是靠服務，但是單靠哪一個都不足
    以滿足需求。服務顧客不是只意味著當他們來電
    時要接電話。你的服務越好、越細膩，你的客戶
    越有可能留住。

    認識你的客戶，並了解他們的需求。他們想要每
    季接到你的電話嗎？還是每月？每天？搞清楚，
    接受一個服務水準，然後超越它。留住客戶更

好。大部分的理財業者都為高周轉率所苦。我的公司經營有成，部分原因就是顧客終止合約的比例經常處於低水位。

4. **不要違法**。理財業者是在一個受到監管的產業裡營運，違法可能讓你吃牢飯。但即便你沒有被抓去關（或單純只是違規慣犯），你也不太可能好好服務客戶。請重新回到上一步驟，「留住客戶」。

5. **專注於核心能力**。理財業者扮演多重角色。他們銷售、服務與交易。他們做行銷也做研究。他們留心螢幕、人們與員工。他們可能是經理人或執行長！儘管如此，你在跟上全球市場、經濟局勢，以及精確預測方面，實際上做得如何呢？

銷售人員不該管理資金。行銷人員不該銷售。服務人員不該研究市場。最好的商業模式是職責有所區隔，讓人人專注於核心能力。要在理財這一行做到頂尖，你必須具備上述所有技能，起碼得全部做過一輪，並有能力協調參與這些工作的人們。這是非常嚴苛的要求，但這也是為什麼這條路，是美國最有錢的人最常見的路徑。

CHAPTER
08
創造收入流

擁有豐富的想像力嗎？還是一點創意也沒有？這或許有機
會成為你的致富途徑喔。

你能「開創」（invent）源源不絕的未來收入流嗎？我指的
不是透過「**發明**」，儘管這個方法也行得通。而是你透
過創作、擁有或取得專利，從中不斷獲取收益，如創造一個小
裝置、一本書、一首歌、一部電影或是一種體驗等等。

　　你是否曾經想過，「只要某種東西存在，生活就會更美
好？」然後有人發明了這樣東西，改變了世界，並且變有錢！
為什麼是他們而不是你？大筆的財富存在於授權與專利的取
得，以能夠在未來重複使用，並產生一用再用的價值。這是少
數作家變有錢，或是成功的歌曲創作者透過版權賺大錢的方
式，就像我們在第4章提到的嘻哈朋友們。

▎真正的發明家

是的，真正的發明家是存在的，他們發明的事物讓生活產生驚天動地的改變，你甚至無法想像沒有它們的話，日子要怎麼過，就像個人電腦或是小兒麻痺疫苗。當然也有一些平凡但對日常生活有用的發明。訣竅在於申請專利，這樣你發明的小裝置每次被使用或出售，你都能收取費用。

所有人都誤以為便利貼的發明者亞瑟‧傅萊（Arthur Fry）和史賓賽‧席佛（Spencer Silver）是典型成功的發明家，因為他們以一個平凡無奇的點子而意外地成名。傅萊是一位 3M 化學家，希望書籤能維持在他的教會唱詩班讚美詩的歌譜上。他使用了好友兼同事席佛的粘合劑──夠黏，但又不會黏到移開時撕壞了頁面。一個流行文化的標誌，就此誕生。[1] 可是他們並未因此創造豐富的收入。身為 3M 的員工，他們的發明是「工作成果」（work product），無法擁有它的專利。他們或許拿到了不錯的獎金，但並沒有為自己創造未來的收入流。單純地「發明」，可能開闢不了致富路徑。

發明？行銷？兩者都做！

光有專利是不行的。很多人手上都有專利──好幾千萬個！要創造未來收入，專利必須能夠受到廣泛運用，就像便利貼那樣，但你還必須能維持對未來的掌控。成功創造收入流的人，具備創業家的靈魂，且能夠為他們的點子行銷。如果你無法為你的點子「佈道」，你將不會被看見——行銷是關鍵。你必須擁有一個能被廣傳出去又有魅力的故事，或是具備有魅力的性格，就像發明家之父朗恩・波沛爾（Ron Popeil）。波沛爾經常出現在深夜的電視裡，還在充滿幹勁地向失眠的觀眾推銷他的產品。

十幾歲時，波沛爾時常出入芝加哥西區的跳蚤市場，不是去買東西，而是觀看叫賣的小販。他應用出跳蚤市場的銷售技巧，在 Woolworth's 推銷廚房與居家用品，一周賺 1,000 美元——以一個在 1950 年代賣攪拌機的十幾歲小伙子來說，是很大的數字（相當於今天的 8,800 美元，一年是 35.8 萬美元！）記得第 7 章說過，學會如何銷售，你將得到驚人回報。接著，波沛爾開始在跳蚤市場和流動市場推銷他自己的俗氣發明，磨練他在市場裡大聲叫賣的風格。

然後他開始轉戰當年還算是新媒體的電視，花了 550 美元製作出他的第一支廣告。10 年後，波沛爾的事業已完全基建於電視。他在 1964 年創立了 Ronco 廚具公司，獻身於發明與銷售。他設計出「蔬菜切碎器」（Veg-O-Matic），宣稱能完美切碎洋蔥而不流淚。他做出「袖珍漁夫釣桿」（Pocket Fisherman），一種能自由收折、裝備齊全的釣桿，放一把在車上，當你開車經過鱒魚池時便不必在心中咒罵：「可惡！要是我有釣桿就好了！」。我母親買了一支，後來又為我跟我的哥哥們各買一支。

　　波沛爾發明了許多古怪的玩意兒，像是「蛋殼內用的攪拌器」（Inside-the-Shell Egg Scrambler）、無菸菸灰缸（Smokeless Ashtray）、食物電動脫水機（Electric Food Dehydrator）和萬能開罐器（Cap Snaffler）開罐器。我完全不能理解「Snaffling」是什麼意思，但顯然針對是各種蓋子而設計。就像波沛爾常說的：「它非常、非常有效！」（It really really works！）在發明了各式各樣有創意的產品之外，波沛爾也創造了許多經典台詞，它們成了如今在「資訊型廣告」（Infomercial[①]），現在仍廣為使用的廣告標語。他會逗趣地說：「但是等等！還有更多！」敦促買家快點打電話下單，因為「接線生都準備好了」；他告訴家庭主婦們在使用產品後能「設定好就可以忘了它」（Set it and forget it）。他以「現在你願意付多少錢？」強調優惠的方式來兜售他的超殺價格；也透過分期付款的低價來吸引消費者購買。一個萬能開罐器看起來或許不值 160 美元，但誰會無法輕鬆支付分 4 期，每期只要支付 39.95 美元呢？

　　而波沛爾真正厲害的發明，是資訊型廣告——「波沛爾」幾乎成了長時段電視廣告的代名詞，這種行銷工具就像一台能狂賺大錢的行銷機器。他的產品固然精巧，但並沒有厲害到能

---

① 一種以電視節目內容包裝呈現的廣告樣態，特色是會提供消費者購買產品的聯絡方式。

夠改變世界。誰會真的需要一個又大又占空間的切洋蔥器具呢？難道刀具做不到嗎？刀具還能整齊擺在抽屜裡呢。但是波沛爾的才華，是讓平凡無奇的事物變得令人興奮。他的人設形象出名到喜劇演員丹‧艾克羅伊德（Dan Aykroyd）在《周六夜現場》（*Saturday Night Live*）的節目上以模仿橋段諷刺他。艾克羅伊德將鱸魚（bass）放入一台果汁機，並吹噓將鱸魚打碎成汁可以加強維生素的吸收，他開玩笑地稱這樣的做法為「Bass-O-Matic」②，而另一名演員拉蘭妮‧紐曼（Laraine Newman）則歡呼贊同：「真是好鱸魚。」

波沛爾的資產淨值超過 1 億美元。[2] 要效仿他的成功，最好的方式是專注於找到一個能行銷產品的有效方式。你也一樣可以創造屬於自己的標語，在《周六夜現場》上被拿來模仿。

▌為錢寫作

多數的成功作家不會變有錢，很少書會大賣，多數低於 1 萬本。假設一本書售價 20 美元，每本書的版稅可能只有 2 美元。作家寫了快一年的書只有 2 萬美元進帳，依然只能過得苦哈哈。賣更好的書占比極其微小。以股票書為例，我寫的書幾乎都是股票書。一本超級暢銷的股市書，總銷量可能會有 20

---

② 編註：開蔬菜切碎器（Veg-O-Matic）的玩笑。

萬冊，但這樣的書一年可能最多 2 本，而且會登上《紐約時報》暢銷榜，就像我的書就在 2007 年上榜了。但是要靠 40 萬美元的版稅致富還差得遠了，畢竟這還沒扣掉用於宣傳這本書的相關費用。

成功的作家會持續推出暢銷書以維持收入，然後靠明智的投資致富（第 10 章）。像詹姆斯·密契納（James Michener）這種出書類型廣泛的暢銷怪物，屬於統計學上少數成功的極端值。你同樣有可能成為下一個暢銷作家。長期高居暢銷榜前 10 名的羅曼史小說家，一生能累積 500 萬美元至 3,000 萬美元的財富。我為何知道，因為其中有 2 位是我的客戶。但這就到頂了。還行——但絕非鉅富。

這意思是，除非你「轉變形式」以獲取更多的利潤。以史蒂芬·金為例，他能靠《鬼店》（*The Shining*）的版權收取源源不絕的現金——靠著電影，不是書，以及後來的翻拍、前傳、續集、前傳／續集的翻拍、重新發行、特別版盒裝 DVD 等等。還有《克麗絲汀》（*Christine*）、《站在我這邊》（*Stand by Me*）、《禁入墳場》（*Pet Sematary*，是的，這是故意拼錯）、《刺激 1995》（*Shawshank Redemption*）和《綠色奇蹟》（*The Green Mile*）——這只是少數幾例。早在 20 年前，他就算輟筆不寫也能超級有錢。他的著作版稅還行，但每當他又有一個恐怖故事被拍成電影或影集，然後在 Netflix 上永無止境地播放下去時，他就能靠授權讓收入指數性地倍增。他是否有刻意將作品撰寫成能夠輕鬆改編成 2 小時電影的書呢？不知道，但他肯定越寫越朝這個方向邁進。

如果史蒂芬・金是作家之王，那麼王后非 J.K.羅琳莫屬（順帶一提，她比英國女王還有錢）。J.K.喬・羅琳創造出哈利・波特的魔法世界與神奇的收入流。到目前為止，光是系列電影票房就價值 77 億美元。羅琳最近的資產淨值大約 10 億美元。³ 她的書還在持續銷售中。另一項羅琳所做的聰明之舉，是她保留了《哈利波特》電子書的版權獨家販售。相對於每本書賺 1 到 2 美元的版稅，她拿到了銷售價格大部分的利潤，年年進帳數百萬美元。⁴ 她收入的另一部分來自電影、DVD、無數的哈利波特午餐盒、運動鞋、背包、活動玩偶、滑板、壁紙、鉛筆、萬聖節服裝、紙盤、睡衣，應有盡有。更別說在加州和佛州的兩座環球影城裡的哈利波特主題樂園，它們被精心設計，以真實重現羅琳所創作的魔法世界。任何無生命、以兒童為目標客群的事物，只要印上哈利波特的照片，每一次羅琳都會收費。原本一個普通的午餐盒零售價大約 5 美元，印上哈利和他的好友，售價立刻變成 25 美元。**這就是名符其實的把你的創作變成印鈔機。**

如果你打算寫作，又想變有錢，想一想午餐盒吧。寫完這本書之後我會開始我的下一本——一本為拍成電影而寫的冒險小說，主角是 10 歲小孩，他偷取了壞鄰居的錢，被逮捕，逃走，然後成為轟動國際的間諜，阻止壞蛋並拯救了世界，並穿插他幾位女孩們的感情線，書名就叫《10 條路，玩很大》(*The Ten Roads to Recess*)，我會讓全美所有的午餐盒都印上主角肖像。開玩笑的！但認真說，如果你認真思考「午餐盒計畫」，並研擬一個出版後持續不斷的長期生意，你就有機會賺大錢。

你不需要達到羅琳那種規模的成功。海倫・費爾汀（Helen Fielding）靠著一本小書《BJ 單身日記》(*Bridget Jones's Diary*)大放異彩，而且這本小書還是根據一位畢生不曾變有錢的作家——珍・奧斯汀——所寫的書創作出來的。不過，費爾汀還是靠著 BJ 系列作、電影和 Netflix 的重播費用收取了好幾年的版稅。她沒到羅琳這麼有錢，但以大部分人的標準來說，經濟已經寬裕很多。對大部分作者來說，寫作是「愛的勞動」，不是致富路徑。對我來說，我已經是有錢人了。我喜歡我白天的工作，我是靠這個變有錢的。我寫作是因為我喜歡。這是大部分寫作者的直接理由（我毫不掩飾地明講，我喜歡幫忙指點你走向更賺錢的路徑）。只不過除了羅琳，沒人單靠寫作登上《富比士》富豪榜。這並不表示你不能寫作，並且變有錢，只是想告訴你光靠寫作，不會讓你賺到鉅額財富。

▌為錢寫歌

歌曲創作者的進帳勝過於演唱者。只需要把一些押韻的對句和琅琅上口的旋律湊在一起。歌手只在在錄製唱片時拿到一次收入，加上在開巡迴演唱會時分得門票收入。他們需要無盡的才華（見第 4 章），卻得不到更多的未來收入。這就是為什麼超級巨星像是惠妮・休斯頓（Whitney Houston）最終可能落得一貧如洗（當然也因為吸毒習慣），以及為何芭芭拉・史翠珊（Barbra Streisand）每隔幾年就要辦巡迴演唱會，唱唱她紅極一時的老歌。因為她們欠缺更多的未來收入。

有些歌手也寫歌，我想到 71 歲的桃莉・芭頓（Dolly Parton）依然多產（而且資產淨值 5 億美元）[5]。但許多有錢的詞曲創作者從不演唱（或是不常演唱），不必承受名人得忍受的個人壓力，商品的貨架壽命也比演唱者長，他們甚至也沒有比寫書從未賺到大錢的作家更有才華。例如丹妮絲・李奇（Denise Rich）就從不表演唱歌。但李奇很有錢，也比大部分不寫歌的歌手更有錢。無可否認，她是從兩條路徑捕獲金錢——她的歌曲創作生涯，以及她跟超級有錢的馬克・李奇（Marc Rich，2013 年過世時，資產淨值是 10 億美元）[6]結了婚又離婚（第 5 章）。

除了跟李奇先生（柯林頓夫妻的大宗商品交易員友人，曾經為了躲避逃稅指控離開美國，柯林頓在任職的最後一天特赦了他）[7]有過一段婚姻，她的事業非常成功，是一位曾獲葛萊美提名的詞曲創作者。僅提供幾個例子，她曾經幫以下歌手寫過歌曲：艾瑞莎・弗蘭克林（Aretha Franklin）、瑪麗・布萊姬（Mary J. Blige）、席琳・狄翁（Celine Dion）、黛安娜・羅絲

（Diana Ross）、唐娜・桑默（Donna Summer）、路德・范德魯斯（Luther Vandross）、馬克・安東尼（Marc Anthony）和娜塔莉・高（Natalie Cole）。[8] 最近，她為曼蒂・摩兒（Mandy Moore）和潔西卡・辛普森（Jessica Simpson）等 21 世紀初嶄露頭角的年輕女星製作風行一時的流行歌曲。她的歌曲被錄製、重新錄製、翻唱、節錄，且天天在電台節目上被播放，每一次她都能收取到費用，反觀歌手只能拿到一次錢！所以，能創作歌曲比演唱歌曲來得更好。

作為一個詞曲創作者，能賺到些什麼？美國政府規定每賣出一首歌，詞曲創作者能拿到 9.1 美分。因此，在一張百萬銷售的唱片裡寫了一首歌，可以拿到 9.1 萬美元。如果整張唱片的歌都是你寫的——可能 12 首吧，這樣可能會超過 100 萬美元。當電台、電視或電影播放歌曲，或是有人下載時，詞曲創作者也會收到錢，[9] 每一次！從丹妮絲・李奇首支熱門單曲、為雪橇姐妹（Sister Sledge）所寫的《弗蘭基》（*Frankie*）開始，到透過實境節目《美國歌唱大賽》（*American Song Festival*）所收取的費用，她如今資產淨值已經來到 1.25 億美元[10]（有心要走這條路的詞曲創作者可在 SongWriter101.com 上找到資源，這個網站詳列你能提交歌曲創作，以贏得獎金或喝采，或是兩者都贏得的比賽、音樂節和經紀人）。

這不需要成為演唱者或其他才華，它需要的是簡單的技能：創作出簡單的旋律，和像詩一樣動聽好記的歌詞。然後還需要銷售的相關技能，才能把歌賣給可能想要錄製成唱片的人。像許多致富途徑一樣，最容易卡關的地方在於銷售。然後，只要有藝人錄製了這首歌，你就得為了未來的重播使用費再三推銷。把詞曲創作收入變成印鈔機的創作者們，他們所做的行銷工作也不會少於其他的銷售業務員。

他們的職涯細水長流。理查・羅傑斯（Richard Rodgers）和奧斯卡・漢默斯坦（Oscar Hammerstein）都不演唱，卻創作出 20 世紀最令人懷念的歌曲。歐文・柏林（Irving Berlin）、傑瑞・赫爾曼（Jerry Herman）、史蒂芬・桑坦（Stephen Sondheim）和安德魯・洛伊・韋伯爵士（Sir Andrew Lloyd Webber，資產淨值大約 10 億美元）[11] 都建立了可觀的音樂創作生涯（和金山銀山）。是的，尼爾・薩達卡（Neil Sedaka）演唱了一些他自己寫的歌，但是從長達數十年的詞曲創作生涯所獲得的報酬更多也更優渥，例如他為船長與塔妮爾（Captain & Tennille）所寫的熱門單曲《愛讓我們在一起》（*Love Will Keep Us Together*）。卡洛金（Carole King）跟薩達卡一樣，偶爾演唱但寫得更多——像是為鮑比・維（Bobby Vee）、漂流者樂團（The Drifters）、艾瑞莎・弗蘭克林、妲絲蒂・斯普林菲爾德（Dusty Springfield）和芭芭拉・史翠珊所寫的熱門歌曲，以及為詹姆斯・泰勒（James Taylor）所寫的《你有個朋友》（*You've Got a Friend*），然後她把上述全部歌曲再次變成印鈔機器，編成一齣獲得東尼獎的點唱機音樂劇（jukebox musical[3]）。它的原聲帶非常地暢銷，改編電影也正在製作中——全都為卡洛金帶來更多的版稅收入。

　　詞曲創作事業是商業化的，自我毀滅的機率微乎其微，更有利可圖、更細水長流，也因為更可預測，而更多的機會能夠規畫與發展。我的編輯認為這篇內容應該放在財富與名氣那一章，我沒有同意。他們當中有名氣的很少（除非他們像電視實境秀《美國偶像》〔American Idol〕前評審凱拉‧狄奧果笛〔Kara DioGuardi〕那樣從幕後跑到幕前），而且經常比名人更富有。你不必很早就起步，也不需要表演才華。對我來說，這節的內容放在這裡最好，因為這些人是完美的收入流創造者。

▍讓鈔票自動繁殖

　　在這條路上，沒人能超越喬治‧盧卡斯（George Lucas）如絕地大師般的收入創造技能，他身價 46 億美元。[12] 盧卡斯也具備白手起家的創業執行長資格。在以《美國風情畫》（American Graffiti）拿下奧斯卡獎後，盧卡斯做了一件跌破大家眼鏡的事。是的，他拍了《星際大戰》（Star Wars）。但他就此走上本章的這條致富路徑，並達成了一件以往沒有導演做到

---

[3] 一種音樂劇或歌舞劇的形式，以既有的熱歌金曲創作而成。

的里程碑——他創造了收入流。為了讓 20 世紀福斯公司（20th Century Fox）點頭拍攝《星際大戰》，盧卡斯放棄了電影票房 40%的導演收入，但保留商品化的權利。對福斯來說，要是盧卡斯孩子氣的太空電影失敗，損失也不大，而且誰在乎商品化的權利呢？當時沒人靠商品化賺錢，所以福斯決定與盧卡斯合作，而盧卡斯「擁有的原力也十分強大」。

盧卡斯創造了尤達、死星和伍基人（Wookiee），但他更值錢的產物無疑是電影周邊商品的銷售生意。而在盧卡斯和《星際大戰》出現之前，電影並沒有衍生出玩具、午餐盒、公仔等各式周邊商品。盧卡斯（和他資產淨值 37 億的好友史蒂芬·史匹柏）看見了過去沒有人想到過的，如何把電影中的角色變成印鈔機。他們意識到孩童會想擁有屬於自己的塑膠光劍，跟 4 英吋的塑膠娃娃重現一次電影情節。這就是創造收入流的人，其行為的本質。羅琳跟史蒂芬金這麼做，波沛爾這麼做，丹妮絲·李奇也這麼做——他們創造出人們願意付費擁有的體驗。如果你有創意，你也能這麼做，只要搞清楚什麼東西還沒被變成印鈔機，而你可以做出來即可。

你可以走發明、詞曲創作或為了拍成電影而寫書的傳統路徑。你可以嘗試前人做過的許多事，只要稍作變化，並確保能持續擁有所有未來的權利。詹姆斯·戴森（James Dyson，資產淨值 49 億美元）始終都更像一個修補匠而不是發明家，他精明到足以獨力製造一切，並擁有所有權利。[13] 他憑著頭腦與商業智慧打造出吸塵器、電風扇、寵物美容工具，現在又加上乾手機和吹風機的家電帝國。或者你也可以走傳統以外的途徑，像盧卡斯一樣做前人沒做過的事，也許是在網路、手機或我們沒料想過的下一個平台上。這得交給你自己去思考了，而不是我。

可能性是無窮盡的。我的建議是：鎖定的受眾盡可能地廣泛——能改編的範圍盡可能寬廣。如果不這麼做，就得獨特但至關重要，寬廣和廣泛更受到需要與渴望。你的視野越窄，通往財富路徑就越窄。

▌ 創造政治收入流

想要擁有真正廣泛的受眾，並且創造出一種與經濟沒有任何關聯的收入流嗎？試試走入政壇！只要好好經營，納稅人就會把財富交到你手上⋯⋯而且你什麼都不用做！事實上，總體而言，政治人物們並未表現出對我們經濟實質貢獻的能力或勝任力。除了**唐納‧川普**是明顯的例外，大部分政治人物從未走上任何致富的路徑（除了為錢結婚，以及少數當過海盜）。鮮少政治人物發展、發明、創造、帶領、產生、管理、改善或創新，但大部分最後還是變成了有錢人——就是靠創造收入流。

我不會期待你變成總統，但是以**柯林頓夫妻**為例，我想要你明白這一切是如何運作的。他們離開白宮時窮到極點，現在卻有 1.1 億美元的資產淨值。[14] 怎麼做到的？他們入主白宮之前，並沒有很賺錢。柯林頓在經濟上的作為乏善可陳。希拉蕊算得上是窮鄉僻壤的成功律師，但職涯斷斷續續，受制於跟柯林頓的選舉時間，又因為入主白宮而縮短，她做律師的最後一年，可見的年收入只有 20 萬美元。[15] 柯林頓的州長薪水只有 3.5 萬美元。[16] 如果他們存下一半的稅前收入（竭盡所能）並明智地投資，那麼入主白宮之前，他們頂多也只有 360 萬美元資產。

柯林頓當上總統後，年薪是 20 萬美元外加津貼。[17] 但是他們得支付律師費用，源自柯林頓的彈劾戰、他不斷冒出的桃色糾紛、破綻百出的白水土地交易、希拉蕊涉嫌賺得暴利的牛肉期貨交易、旅遊局風波、檔案門和大約 127.72 件其他與「門」有關的可疑盈利事件。他們離開白宮時，還帶著大約 1,200 萬美元待支付的律師費。[18] 如果他們存下柯林頓一半年薪並明智地投資，外加我們先前假設的那筆錢，那付完法律帳單後，最好的情況下，他們也依然欠債超過 300 萬美元。[19]

答案很明顯——他們從 2000 年起藉由寫書和演講賺取收入，存下了 1.53 億美元。[20] 很少有工作比「卸任總統」更有利可圖！你只是現身講個話，就有人付你 15 萬美元！[21] 而且納稅人會讓你口袋裝滿滿。

總統的收入——跟著錢走！

1958 年，國會通過了《卸任總統法案》（FPA），給予卸任總統經過通膨調整的終身年金——目前是每年 20.57 萬美元，而且免稅！[22] 稅務調整後是 39.1 萬美元。普通人要產生這樣的年金，你需要一個接近 1,000 萬美元、管理良好的投資組合。然後他們還獲得「保護費」以及終身的「辦公室津貼」——配備職員和「適當」（亦即優雅豪華）的辦公空間。這些都是現金。以 2015 年為例，總共支付了 320 萬美元的卸任總統相關費用。[23] 換句話說，我們 4 位卸任總統，每一位都拿到 80 萬美元（免稅）！稅務調整後是 150 萬美元，這需要超過 3,700 萬美元、管理相當好的投資組合——是的，每一位！

然後，卸任總統還能拿到「過渡時期」費用，以減輕回歸「真實」生活的負擔。多少呢？2001 年，除了經常性經費之外，國會另外批准了 183 萬美元（**免稅**）撥給柯林頓夫妻。[24]

但是卸任總統還有其他收入來源。你可以成為受薪的董事會成員——只要你願意，要多少有多少。前總統福特（Gerald Ford）這方面的收入龐大（演講收入也是。一個落選下台、沒什麼想聽他說話的總統，卸任後卻突然變得搶手，真是太神奇了）。你也能簽顧問合約，成為有償顧問，就像柯林頓對億萬富翁羅恩・伯克爾（Ron Burkle，資產淨值 15 億美元）[25] 所做的那樣。雇用一位卸任總統，只是勉強遮掩付錢給「遊說鏈」

（lobbying links）的企圖。沒有比卸任總統更能打通關節的人
了。讓我總結一下。柯林頓夫妻在 2001 年欠債至少 300 萬美
元（而且可能更多），15 年後資產淨值 1.1 億美元（但是如果
你的配偶之後想選總統，可能需要謹慎行事，確保你卸任後的
人脈關係禁得起審查）。

▍要是你做不了總統⋯⋯

　　可是突然跑去選總統且還選上的人，非常非常少。儘管如
此，你並沒有被排除在一生中能夠創造政治收入的可能性之
外——成為國會議員吧！起薪是 17.4 萬美元（2015 年）。[26] 不
多，但當你真正建立起你的財富時，你的收入將會位居於美國
財富排行的前 10%。[27] 而且你在國會裡其實可以不需要做任何
事。不過當然的，為了賺大錢，你得忙碌一些。在國會獲得領
袖角色，你的收入會上升至 193,400 美元。眾議院議長的薪資
是 223,500 美元，[28] 對保羅・萊恩（Paul Ryan）來說真是不
錯！還有，他們年年都可按生活成本調整所得。而且他們收到
的醫療津貼與優渥的退休計畫，目前你至少要有 150 萬美元的
收入才能享有同等福利——只需服務 5 年（只需選上 3 次）[29]
就符合資格。

　　你可以在參議院撥款委員會（Senate Appropriations
Committee） 的 網 站（http://appropriations.senate.gov/senators.

cfm）上瀏覽任何參議員的財務揭露資訊。不過能參考的不鑫，他們只需申報「概略」。也有些公開資訊長達三百多頁，因為他們試圖開脫並將財產轉移給配偶，這麼做或許看起來更加親民吧。為什麼他們不能據實以告，不讓財富看起來那麼見不得光呢？為了避免令人煩心的混亂，請造訪另一個可貴的網站：OpenSecrets.org。想了解誰是誰的金主、誰在哪裡獲得資金，這個網站會為你追蹤金流動向，它概述了這些政客的財務資訊的揭露表格，以及其他有趣的細節。

無法解釋的政治財富

　　有個剪不斷、理還亂的問題揮之不去──他們是怎麼變有錢的？許多人除了政治之外沒做過其他工作，但還是累積了財富。多數的政治人物對 GDP 都沒有直接貢獻，但都很有錢。有些是例外，以前參議員賀伯特・柯爾（Herb Kohl）為例，他的資產淨值大約 6.3 億美元，[30] 其財富主要來自柯爾雜貨店與百貨公司──是他協助建立的事業。或是資產淨值 2.3 億美元的米特・羅姆尼（Mitt Romney），[31] 他創辦並賣掉一間經營有成的顧問公司。在我寫作的當下，達雷爾・伊薩（Darrell Issa）是目前最有錢的國會議員，資產 2.54 億美元大多來自他的消費電子事業，生產人人最喜愛的、第一流的汽車防盜器品牌Viper（它甚至用伊薩的聲音跟竊盜嫌犯說話）。[32] 我們都知道國務卿約翰・凱瑞很有錢，他為錢結婚──還兩次！對他們來說，為財富結婚很普遍。前眾議院議員珍・哈曼（Jane Harman，資產淨值上看 4.5 億美元）[33]也走上跟好對象結婚之路，約翰・馬侃也是。

但最多的還是職業政治家或前律師。舉例：前參議員傑夫・賓格曼（Jeff Bingaman，退休時資產淨值 1,080 美元）[34]在 1983 年選上議員之前是律師。這些錢的絕大部分，不太可能是在他短暫的律師生涯裡積攢的，他從史丹佛法學院畢業是在 1968 年，10 年後他成為新墨西哥州的司法部長，從此就一直待在政壇。

前共和黨總統熱門人選魯迪・朱利安尼（Rudy Giuliani）成年後幾乎都在做公務員，他在 26 歲被任命為美國聯邦檢察官（US Attorney's office[④]）之前，他短暫做過地方檢察官，最終成為副檢察長——是美國司法部裡的第三大人物。然後他成為紐約南區的聯邦檢察官，以及，當然還有紐約市長——年薪 19.5 萬美元。還不錯的薪水，但是曼哈頓的生活成本很高昂，他到底是怎麼讓資產淨值變成 4,500 萬美元的？[35]（把這段重讀一遍，然後猜猜看）。

前參議員奧林匹亞・史諾（Olympia Snowe，資產淨值 1,460 萬美元）[36] 26 歲進入公部門，除了賺進一大筆令人匪夷所思的財富，還嫁給一位政治人物……兩次！前參議員鮑伯・

④ 全美共 93 名。

葛拉罕（Bob Graham），他進公部門是 1966 年，先後做過眾議員、州參議員、州長、美國參議員，然後是美國總統候選人（落選）。[37] 他對 GDP 從無貢獻，但資產淨值卻有 800 萬美元。參議員理查・謝爾比（Richard Shelby，資產淨值 1,090 萬美元）[38] 進入政壇是 1963 年，此後就沒有老老實實工作過一天。眾議員羅尼・弗里林海森（Rodney Frelinghuysen，資產淨值 2,470 萬美元）[39] 也是眾多吃公家飯的一員。最令人震撼的是前副總統艾爾・高爾（Al Gore），據報導他卸任後的資產淨值是 200 萬美元，然而他不知道怎麼辦到的，在 2001 與 2008 年之間，他賺的錢足以在不同的對沖基金和其他私人投資標的裡投資 3,500 萬美元都是現金。據報導，他現在資產淨值 2 億美元！[40] 比柯林頓夫妻還厲害！

　　如果沒有如鮑伯・諾伊斯（Bob Noyce）發明他的集成電路，或者像比爾・蓋茲創建 Windows，甚至傑克・卡爾（Jack Kahl）的防水布膠帶（Duct Tape），以及其他許多的資本家，沒有他們，我不可能建立或經營我的公司。但是我想不出在我有生之年，有哪一位我所認識或在報章讀到的政治人物，是沒有他們我就無法在這樣的情況下生活的。整體而言，他們只會打擊彼此，並從公職的鐵飯碗中得利。政治人物能靠詆毀執行長們是「尋租者」（術語，指收入過高的經濟水蛭）而贏得喝采，真的很神奇。

如何在政壇成功

但這是一條油水多多的致富路徑——無論他們的財富是怎麼來的、有多難解釋。請注意：謊話說得好——對自己和對別人，是關鍵技能（政治人物何時在說謊很容易看得出來——只要他們嘴巴在動。真希望這只是個玩笑）。

那麼，要怎麼被選上呢？就像其他路徑，要從小地方開始做起。找出政黨輪替機率高的地區，搬到那裡的中等城市——小到不至於死氣沉沉，但也不會大到大部分居民不認識那裡的每一個人。如果當地的政壇大老已經年邁或是任期有限制，那是好事。研究一下他們支持什麼主義，公民有什麼信念。在明顯偏向某政黨的地區會更容易——無論是哪一黨。因此，剛開始你只需要記住一套謊言，並一再照本宣科即可。這有助於研究反對黨會怎麼說，好讓你也能說謊奚落他們。你的選民會喜歡這一套。

把你的謊言練到得心應手，然後去競選市議員。選民愛聽什麼就說什麼。譴責反對黨幹的一切壞事。宣告你就是當地的未來——意思是你可以看見未來。宣稱你在你出生地做了某些你沒有做、但他們也證實不了的重要事情。在市議會這個層級，一起競選的對手並不會很老練。他們或許立意良善，也把他們社群的利益放在心上。所以當你沒有，對你是有幫助的。在本書，只有這裡是騙人有利於你。

3 年後，去選郡長⑤。同樣的遊戲，同樣的傻瓜，更多的無能，更大的舞台。6 年後，去競選國會議員。你最重要的工作就是努力記住選民們想聽到的台詞，這比當個正規演員簡單多了，因為觀眾沒那麼有鑑別力，而他們必須選出一個人。你或許不相信，但基本上這是正常的。遵循這些步驟，你的餘生就不必做一件有用的事。這就是你創造收入的方式，而且賺得比搶銀行還多！

▌智庫騙局

政治致富的支路之一，是建立智庫。這是創造政治收入的另一種方式。所謂智庫是那種由一到兩個有領袖魅力的人所主導、擁護某些「志業」的非營利組織。智庫收取「非營利」的捐款，這樣領導者（可能不只一位）就能思索並撰寫他們的崇高想法，付給自己鉅額薪水。他們或許有做「研究」，包括向其他看法相同的人徵詢意見，然後做出「智庫的想法一直都很正確」的結論。關鍵：它非營利，卻是未來的收入流——付給你。

智庫的使命是由志同道合的人們，把一個志業制度化，並透過建立跟企業相仿的架構，來建立信譽。那些捐助資金給智

---

⑤ 美國僅次於州的行政區。

庫的人，認為他們正獻身於某些更偉大的志業──亦即智庫促進了思想、研究與出版上的進步。但實際上，他們是為智庫的創辦人們和遴選出來的合夥人創造了年金收入。

　　智庫倡導各式各樣的議題，像是自由市場或幫助受壓迫的人，但本質上它們都很相似。以傑西・傑克森（Jesse Jackson）牧師為例，儘管傑克森一度公開他的年收入是 43 萬美元，[41]但他對自己的財務狀況始終嚴密保護。他神祕兮兮的部分原因是他的非營利組織是宗教性質，所以不必報稅。保密是他的特權──不關任何人的事！（好吧，也許國稅局這麼想吧）。但是，何必覺得收入很高是丟臉的事？

　　傑克森的非營利組織包括「團結人民服務人類」（People United to Serve Humanity，PUSH）和「公民教育基金會」（Citizenship Education Fund，CEF），以及在 1996 年他以營利組織形式創建的 Rainbow/Push。[42]他的基金會旨在為少數民族和女性創立的事業吸引企業資本，也提供多種其他服務。多年來，許多不同的團體（包括教育部）抱怨傑克森的團體疏於申報他的資金如何運用。傑克森不時爆出報稅的法律糾紛。[43]無論智庫的志業多麼高尚，其組織架構都跟資金有關──創造一條收入流。

　　非營利組織與智庫形形色色、種類繁多。在自由派這邊的是柯林頓的前幕僚長約翰・波德斯塔（John Podesta），以及他創立的美國進步中心（Center for American Progress）。柯林頓的另一位職員鮑伯・萊克（Bob Reich），則是創辦了經濟政策研究所（Economic Policy Institute）。這兩間都提倡「進步」與「共榮」。屬於保守派但差異不大的，則是威廉・班奈特（William Bennett）和已故的傑克・肯普（Jack Kemp），透過他們創立的「賦權美國」（Empower America），長期地每年付給這兩位先生逾 100 萬美元。名單長得很。吉姆・戴明特（Jim DeMint）在 2012 年辭職時，以參議院第 4 窮的議員而知名，卻在美國傳統基金會（Heritage Foundation）給自己大大地加薪。[44] 你可以在 Google 上找到所有你想找的智庫。你可以看得出我不喜歡這種賺錢方式，但它的確很有效。

最後，請容我說明，我的編輯不認為我該寫政治人物，因為許多讀者都有自己的喜惡，我可能會得罪你們當中的某些人。但事實是：這本書在談論的是如何變有錢，而不是什麼言論會得罪讀者。我承認政治所創造的未來收入流，跟本章其他的收入流不太一樣，但它能夠、也確實為那些願意並稱職地追隨這條路的人，保證能一生擁有某種鉅額收入。我必須找到地方塞進這些人，除了這裡之外，我唯一能想到的地方是地獄。所以，他們才會在這邊出現。

因此，如果你想要創造收入，同時對社會貢獻一己之力，那就去為疾病發明疫苗、寫歌，或是為拍電影而寫書。如果你只是想要享受俸祿不做事，政治這行永遠歡迎你。無論你選擇哪一種，都要守住一切合法權利。

▋書中自有印鈔機

為了保證能創造一個可靠的未來收入流——就像朗恩‧波沛爾的產品,「裝好後就免操煩」,你得先做點功課。以下的書能幫助你。

▶ 《申請專利不求人》(*Patent It Yourself*),大衛‧普萊斯曼(David Pressman)著。如果你有一個勝券在握的點子,能為你的餘生提供收入,若要確保沒人偷走,你可以讀這本書,然後搞定專利。

▶ 《直銷完全指南》(*The Complete Guide to Direct Marketing*),切特‧麥斯納(Chet Meisner)著。一本很好的入門書,教你如何像波沛爾一樣,讓你的訊息以便宜有效的方式直接傳達給大眾。本書會向你示範直銷的手段與方法。

▶ 如果你想要寫作,讀讀大衛‧特羅蒂爾(David Trottier)的《編劇聖經》(*The Screenwriter's Bible*)。寫書沒什麼問題很好,但是真正賺大錢的關鍵在午餐盒與活動玩偶的授權。所以,寫完書後試著自行改編成電影劇本,然後推銷它。這本書會教你怎麼做。

▶ 想賺政治財,你必須能夠把謊言說得很有說服力。為此,請讀達萊爾‧赫夫(Darrell Huff)的《別讓統計數字騙了你》（*How to Lie with Statistics*）。一本難得可貴的書，展示統計數據可以如何輕易被動手腳。讀完後，你就要以試著找一些平凡無奇統計數據，為你自己的不當利益，扭曲這些數據。

 ## 創造收入流指南

在這條路上要賺進百萬，得從價值百萬美元的點子開始，這一切全都關乎如何把想像力化為源源不絕收入來源。

1. **選擇一種天賦，並堅持下去。** 如果你不會唱歌，就不太可能成為披頭四。如果你有嚴重的寫作障礙，或許也不可能成為下一個 J.K.羅琳。而如果你為人有一丁點正派，你最後也不會成為有錢的議員。這就是江湖一點訣。想在這條路上變有錢，又需一個超級酷、可以申請專利的點子。但更有可能的是，你得在大筆授權費滾滾而來之前，必須維持你的事業許多年。

2. **確保可長可久。**《星際大戰》和《哈利波特》會一直流傳下去——所涵蓋的主題寬廣又有正向的吸引力。便利貼也是。但不管發明八軌磁帶的人是誰，都會被後來的新發明打敗，扼殺未來的權利金來源。我們知道政治永遠不會消失，所以這是一條能走長遠的路。

3. **把它變成印鈔機。** 盧卡斯就是把《星際大戰》的人物肖像變成印鈔機。找到你想變成印鈔機的事物，確保它有足夠的粉絲，或搞清楚如何像波沛爾那樣，建立

　　大量的粉絲團──體驗也可以變成印鈔機，例如聽一首琅琅上口的歌曲，忘掉可怕的配偶，或是一些能引起共鳴的經驗。

4. **申請專利或以其他方式保護它**。一旦你找到利基市場，完成你的發明、寫出小說，或是為下一個小裝置做好了規畫──你就要保護它。為它申請專利或版權。擁有它。永遠都別賣。

　　申請專利的表格並不難填寫。上美國專利網站（www.uspto.gov/），它會帶你跑完所有流程。有一些你可以列印、提交的表格，還有一張費用列表。要為寫的東西取得版權，請上美國著作權局（US Copyright Office）網站（www.copyright.gov）下載需要的表格。版權申請每件只需 45 美元。

5. **行銷與推銷它**。你的創新或發明或許會讓生活變得完全不一樣，但如果還沒有人知道它，你就無法賺到錢。再向先驅波沛爾學一個小祕訣，成為你自己的產品的代言人。

6. **為將來做好規畫**。一旦你獲得了某種收入來源，要學習如何守住。了解你的收入結構──是獲得擔保的嗎？有多久？你有可能被違約嗎？有什麼更好的事物能取代你的發明，並因此取代你的收入來源呢？

　　讓你的進帳維持穩定，或許意味著把一些現金流存在銀行，以備未來不時之需。以及，是的，要收支平衡，嚴守預算。

CHAPTER

09

王牌地產大亨

夢想過建造摩天大樓嗎？向他人收取房租呢？你可以成為
地產大亨。

美國是個充滿地產大亨的國度 —— 房地產持有率超過
60%！別被十幾年前的住宅危機唬住了，做個地產大亨
能使你賺到大錢。

就像其他路徑，這不是條輕鬆的道路。成功的地產大亨，
不會只有能找到具吸引力、尚未被發現的土地，以及願意投資
的投資人的本領。他們還具備成功的企業創辦人所擁有的策略
遠見，他們在本質上是創業者。要是無法建立務實可行的商業
計畫，你可能無法把這條路走得平步青雲。

事實上，長期的房地產報酬率並不高，從 1964 年以來只
有 5.4%。[1]勉強能夠打敗通膨而已！那麼謝爾登·阿德森

（Sheldon Adelson，資產淨值 318 億美元）、唐諾·布倫（Donald Bren，資產淨值 152 億美元）、山姆·澤爾（Sam Zell，資產淨值 47 億美元）和那位大名鼎鼎的唐納·川普（據稱資產淨值有 37 億美元）[2] 是怎麼辦到的？靠財務槓桿！

他們都借很多錢！做得好的話，槓桿可放大投資報酬率。但如果搞砸，也會遭受到嚴重的虧損和屈辱——會超越總投入資金。借錢的風險很高嗎？如果你做得不對，當然風險很高。但走這條路需要槓桿。如果你厭惡負債，現在就停止，去找別條路徑。否則，就克服你對債務的恐懼。學習愛上槓桿，達成地產大亨的成就。

▌槓桿的神奇力量

以下是槓桿發揮神奇力量的方法：假設你在價值 10 萬美元的房產上投資 5%，即 5,000 美元。5 年後你以 12.5 萬美元售出。嗯哼，也就是獲利 25%，年化之後只有 4.6%。不是這樣算的！你只投資了 5,000 美元，你賺的 2.5 萬美元，實際上是 500%的報酬率和 43.1%的年化報酬率。神奇吧！是的，你借錢得付利息——這我們稍後會討論到。而且要是房產價值下跌，你的 5,000 美元會賠掉。槓桿是雙面刃，關鍵是找到一個你能把它拿來印鈔、其他人卻不想要的好房產。你必須透過把物業變成印鈔機，變成一台賺錢機器。

▌把資產變成印鈔機

　　以下為各位說明做法。但首先是我的免責聲明：我不是地產大亨。我確實擁有房產，但大部分是我開設的公司所使用的大樓。但我太太雪莉是，她是家族的地產大亨。

　　1999 年，有兩個人買下時尚島林蔭大道 1450 號，在當時是位於加州聖馬刁市、屋齡 15 年、10.4 萬平方英尺的 A 級商辦大樓，就在 101 與 92 線高速公路的交叉口——在舊金山半島，連接舊金山到矽谷，以及半島到東灣的十字路口。這棟房屋位於精華地段，而且在 1999 年幾乎沒有空房。他們支付了 3,100 萬美元，透過瑞士信貸第一波士頓抵押資本有限責任公司（Credit Suisse First Boston Mortgage Capital LLC）的票據（note①），借了 2,550 萬美元。當時矽谷正在蓬勃發展，租金很高，商辦大樓都滿租了，而滿手現金的網路公司正在租用他們根本不需要的辦公空間（但他們當時還不知道）。

　　當時，我的公司正在成長。5 年前，雪莉正在海拔 2,000 英尺高的灣區山頂，在一個你絕對想不到的地點，建立了我們公司的總部。這辦公室就像是森林裡的珍寶，三面環繞著數千英畝的開放空間——空氣清新，坐享壯闊的太平洋海景。她擴建了兩次，不過到 2000 年時，我們已經在這座雄偉的山上，

---

① 是一種債券。

填平了如郵票大小的山頂。我們需要另覓空間。雪莉選擇了聖馬刁市——距離總部 20 分鐘車程。當時租金很高，空間有限，她無法租到太多空間。但是當科技泡泡破滅，開始有人釋出轉租。到 2002 年時，她已經可以用不錯的價格、用一年期的短期租約，租到所有 B 級商辦大樓。

到 2004 年時，時尚島林蔭大道 1450 號的業主欠繳房貸，已啟動取消贖回權②的程序，也已經指派新的接管人。兩位業主還擁有其他商辦大樓——全都槓桿融資，財務吃緊。他們沒有餘力再投資 1450 號來吸引承租人，所以 1450 號的空置率不斷升高。他們的最大租戶搬走，他們因此陷入困境。持票人（note holder③）決定舉辦封閉式拍賣（closed auction④），這樣投標者就不知道其他人的出價是多少。潛在買家會先提個大概的交易條件，然後由賣家從這一群人當中選出部分投標者，進行最終出價。賣家不一定要讓最高價者得標。如果契約條件比較好，有時低一點的價格，可能會更好。

契約條件和出價一樣重要。契約條件是指出價中有多少是現金、非現金的部分利率為何、參與競標的保證金是多少、如果投標者退出，賣家是否保留保證金不退還，還有什麼是會讓

---

② 美國的房貸是將房屋抵押給銀行，屋主有贖回權，當屋主繳不出房貸，會被取消贖回權。
③ 指票據之持有人，或經前手讓與票據權利、而取得票據之受讓人。
④ 俗稱「暗標」，指拍賣之前對起拍價和保留價嚴格保密。

你可能退出的正當理由（例如，投標者通常會要求驗屋，否則他們就可以退訂）。還有，成交速度——能多快成交也很重要，因為賣家偏好快點成交（對賣家來說，快一點代表風險低一點）。法人買家經常得遵照內部程序，這可能會使他們的速度受限。賣家會評估以上所有條件。

那時，我們在聖馬刁市辦公室（租約一年）工作的員工已有 400 名，而且公司還在快速成長。如果租賃市場供不應求，短期租約會讓我們承受不了租金上漲的壓力。雪莉想要買下 1450 號的票據、成為持票人，然後取消贖回權，接管這棟大樓（千萬別招惹我太太，會很痛苦的）。她認為以我買賣馬匹的交易背景，可能比她更適合去這場拍賣會談判。我們的法律總顧問弗列德·哈林（Fred Harning）負責具體的交易細節，因為他對所有的交易細節瞭若指掌，我則比較像是掌握大方向的人。

幸運的是，事後證明我們的猜測是對的——其他競標者都是金融公司，他們是根據對票據的定價，來推算投資報酬率，而當時的租賃市場空置率很高，租金和空置率無甚改善空間。但是我可以填滿那棟大樓——用我自己的員工。他們沒辦法這麼做。我可以付更多錢，因為我可以把閒置空間拿來謀利。當時是 2003 年股市築底的一年後。經濟衰退尚未遠去。科技股搖搖欲墜。根據租金行情、估算的空置率和利率，雪莉猜測，那些金融業的競標者無法支付超過 1,400 萬美元。

　　為了得標，我需要提出一個能吸引他們讓我留在賽局裡的初步條件，這樣我才能參與正式的最終出價。這看起來沒什麼，但是比起像我這樣的個人，法人賣家更偏好法人買家。他們通常會刷掉個人投標者，認為我們這樣的投資者風險較高，容易以奇怪的方式取消交易——就像打官司一樣，結果難以預測。他們討厭那樣，於是我不得不開出令人難以拒絕的條件。

　　於是我就這麼做了。我的初步出價是 1,350 萬美元——還不錯，但不太可能是最高價。我不必一開始就出最高價；我只是需要讓競標進行到下一輪。但在契約條件上，我承諾全數付現，同時先交三分之一的保證金——要是我得標但沒有成交，他們可以保留這些錢。那是很可觀的數目。通常在一個這種規模的交易裡，機構投資人的保證金可能是 50 萬至 100 萬美元。所以要是我得標卻又退出，他們能扣留我 450 萬美元，票據還能重新賣掉——這是為了讓他們同意我參與，而開出的條件。再者，我不要求驗屋。雪莉認為 5 年前借出 2,500 萬的債權人應該已經完成了所有檢查項目。而她覺得，這 5 年來沒有什麼異狀。我也承諾何時成交由他們決定。

　　提出這樣的夢幻條件，讓我們得以進入第 2 輪。在此，我們所有條件不變，只把出價改成 1,500 萬美元，略高於 1,400 萬美元。我不知道別人出價多少，但我們得標了。票據到手，雪莉揚言要取消大樓業主的贖回權——很少有持票人會做這件事因為太麻煩了。由於雪莉把麻煩事當早餐一樣，而兩位大樓業主不想被取消贖回權，便給了她房契。

　　金融票據買家不喜歡持有建築，他們只想利用票據獲得好報酬。他們無法管理大樓或填滿租客。但我們可以。這是我們的「印鈔機優勢」。雪莉又花了近 300 萬美元改善大樓內部，再把我們的員工都搬遷進去——總投資額是 1,800 萬美元。由於我的公司是租客，我自己是房東，現在我收到的是滿租大樓的現金流。雪莉轉頭就讓高盛根據租約借給我們 2,500 萬美元。在這場交易裡，雪莉淨賺 700 萬美元——跟她的 1,800 萬美元相比，報酬率 39%——並在幾年前賣掉大樓時，又大賺一筆。這就是地產大亨的遊戲。

　　你無法這麼做，除非你有現金跟租客。但你可以找尋一棟建築物，找到能帶進租客的人，找到融資管道——然後組合成一筆創造財富的交易。就是這麼玩。

▌學會計算報酬

　　人們常常騙倒自己。2005 年之前房價飆升，導致市場上普遍的過度自信。如果你在 2000 至 2005 年期間，在房市的熱門地點（例如加州）有間房子，而且價格翻倍，這並沒有讓你變得精明，那只是運氣好而已。一個好的地產大亨敢於冒險，但是不會欺騙自己。

　　請讓我舉例說明人們如何因為計算錯誤而騙了自己。再次以我成長的聖馬刁郡為例，考慮一個房價勁升的 10 年情況。
1995 年 1 月 1 日，聖馬刁的房價中位數是 305,083 美元。[3] 假
設你以 20%的頭期款買下（在零頭款蔚為風潮以前），加上 1%
的成交成本。當時 30 年期的固定房貸利率是 7.5%，所以你的
房貸是月付 1,700 美元。[4] 10 年過去，你在房市就快到頂之
前，以 2005 年的房價中位數 763,100 美元賣掉房子。[5] 償清
184,091 美元的房貸餘額（扣除已支付的分期付款）後，你淨
賺 579,000 美元。再扣掉你的頭期款，你的報酬率是
849%——年化後是 25.2%！大部分人就是這麼看房地產的，
但是這種算法大錯特錯。

首先，在這 10 年裡，你支付的本金超過 6 萬美元，我們
必須扣掉這部分，且還應將這些還款的時間值計算進來，但是
為了避免例子變得太複雜，就照你淨賺的數字計算吧，扣除頭
期款和分期付款的房貸本利，你的報酬率是 379%，年化後為
17%。但是抵押貸款並非免費，你付的利息超過 24.7 萬美元。
天哪！扣掉這筆，重新計算，則是 174%，年化報酬率是
10.6%。

這報酬率還是太高了。聖馬刁的房屋維護費用，平均每年
是 1,820 美元（瓦斯、水和其他雜支）。[6] 搞不好你另外花了 4
萬美元重新裝潢，又花了 1.5 萬美元多蓋一個露台。別忘了你
1995 年的成交成本，跟 2005 年的房仲費用（大約 5%）。還有
財產稅！在聖馬刁，你得支付購買價的 1.125%——每年增加

2%。持有 10 年，就是超過 3.7 萬美元。

　　我們的速算分析顯示，累積報酬率為 59%，年化後是 3.1%。這太難看了。人們把房屋視為他們的最大資產。真相是，它們全是槓桿債務。你可以輕易欺騙自己。人們會說：「是啊，但如果我沒有房子就得租。這就是買房的價值所在。」是沒錯！但是有間房子的最大價值是你有個棲身之所，還有給你滿足感。

▋ 失控的炒房輸家

　　許多人想買來賣，為了快速獲利而炒房。別這麼做。**事實**是，真正的地產大亨才不炒房，因為這樣交易成本太高了。他們專注於內部報酬率——在土地增值的同時，提供印鈔機般的獲利。

　　以**提摩西·布里克西**（Timothy Blixseth，曾是億萬富豪，現在正對詐欺罪提起上訴中）[7] 為例。他炒房。在他賺進鉅額財富之前，以及在房市崩盤（以及他詐欺）以驚人的方式壓垮他之前，他早就搞砸了一切。18 歲的布里克西想要快速擺脫他貧困的年少時期。他拿出畢生積蓄 1,000 美元當作頭期款，要買下價值 9 萬美元的俄勒岡林地，這是他在報紙廣告中看到的。為什麼是林地？他出身林地小鎮，以為他懂林地。他覺得他能找到一個買家，高價賣給他。很快。他承諾賣家會在 30

天內付清剩下的 8.9 萬美元。

　　賣家知道布里克西沒錢也沒有金主，想給這小子一個教訓，於是把地賣給他，然後取消贖回權。布里克西必須很快找到一個買家。神奇的是，他那塊小林地緊鄰著羅斯堡木材公司（Roseburg Lumber Company），這是一個大地主。布里克西發動攻勢，提議以 14 萬美元的價格賣給羅斯堡——他隨口開出的金額，但能讓他快速賺大錢。對方竟接受這個開價。後來布里克西才知道，羅斯堡一直都需要這塊地作為進出通道，但是原本的地主討厭羅斯堡的老闆，所以寧願放著地不賣。[8] 布里克西只是湊巧有炒房的運氣——沒別的了。

　　布里克西迷上了，他炒得更起勁了——主要是林地。他用最低的頭期款買下畸零地，再快速賣給木材公司。布里克西林地主人的頭銜可能只維持了幾分鐘。[9] 但他被 1980 年代的超高利率打擊，徹底破產，失去一切。他學到教訓，不再炒地皮。他重新開始，建立另一種房地產投資組合，這一次只槓桿利用他真的會持有並且能變成印鈔機的資產——不是只持有幾小時那種資產。而這麼做讓他走上億萬富翁之路，直到他被指控從他所持有的豪華度假村，盜用了好幾億美元的公款，因此坐了 14 個月的牢。

　　房市崩盤後，炒房變得格外有吸引力，當時銀行愉快地低價擺脫取消贖回權的房子。家園頻道（HGTV）的《改建重建大作戰》（*Flip or Flop*）之類的實境節目，展示了普通人把蟑螂出沒、黴菌覆蓋、垃圾成堆的房屋翻修，在短短兩個月後變成待售的熱門標的，賺進 5 萬美元或是更多的快速獲利。如此簡單，你也辦得到！或者辦不到。這是影片剪輯的神奇力量。實際上，這些上電視的翻修屋主，後面都有許多夥伴支援，他們透過一個專款基金（請讀作：避稅）執行所有的事，有你看不到的成本，並雇用一支承包商團隊和房屋獵人來維持它的運作。任何人想單靠自己炒房成功都是白作夢。融資、建築費用、成交費用和短期資本利得稅，都會吃掉很大一塊的獲利。

▍地產大亨的起步

你已經準備好了。首先，找到一個景氣蓬勃的房屋市場。景氣蓬勃不代表高價或富裕──你不需要比佛利山莊。最佳地點是對商業與就業友善、未來會繼續成長的地方。只要有工作就能支付一切。地產大亨需要租商辦、租房子住的租客，還有買家。人會逐工作而居，就業就是繁榮的所在──大家會在那裡購物、工作、生活、租辦公室和租房子住。這不是很難揣摩的概念。你不需要（甚至想要）大城市。三線城市裡對雇員和企業友善的地區就很好。

你要怎麼找到這些地方？研究各州收入與銷售稅率。有條捷徑：雜誌偶爾會推出「百大最佳居住地」之類的特別報導。《美國新聞與世界報導》（*US News & World Report*）雜誌有一個年度特別報導，標題叫「最佳居住地」，報導會評估商業環境、徵稅情況和整體生活品質。他們幫你做好功課了！你可以上網搜尋這個網址：http://realestate.usnews.com/places/rankings-best-places-to-live。

然後，成立公司。或創辦一間有限責任公司（LLC）。你不該以個人來承擔風險，讓你的公司為你承擔。你的公司能在有人告你的時候保護你。而且真的會！比起告你，最好是讓他們去告公司，這是為訴訟買保險。

起步小，而且不誘人

從小規模做起，並自食其力（第 1 章有說明理由）。你的現金還不夠用來標大案。所以買間破舊的雙層樓公寓整修，你住一半，另一半租出去。然後以這個現金流槓桿融資，買一間破舊無人居住的四單位公寓。一樣的做法，只是更大！稍加整修，好讓你能以高一點的價格租出去。

關鍵在找到租客。成功的公式是根據空置率來購買，並創造能填滿租客的價值。如果做得對，就能打平成本還有剩。同時，你的房屋因為滿租而增值了。這是門有賺頭的小生意——投入超過產出。如此這般做個幾回，你將擁有現金流和過往成功的紀錄，能說服投資人給你注資，去投資更大的房屋——也許是公寓大樓或辦公大樓。然後利用資金槓桿，把它變成規模更大、有更大的現金流潛力的案型。就這樣。每一次，關鍵都

是能把價值不高的閒置空間變得能收到錢，直到你把它變得更
有價值為止。

完美的財務試算表

　　你的頭一、兩宗生意，很可能拿不到或用不上銀行的貸
款。銀行會極力避免借錢給地產大亨。反正你也不想跟銀行借
錢。銀行很樂意借錢給買房的個人。不過他們對我們心中的盤
算來說影響不大。那麼，你要如何獲得融資呢？你得試擬一個
合理的財務試算表說服外部投資人給你注資──這是地產大亨
的金融模式。概念是建立一個有吸引力但可以達成的計畫，推
銷給投資人。你可以用大約 199 美元起的價格購買軟體，來建
立一份財務試算表（請上 ZDNet.com、Download.com 或
RealtyAnalytics .com）。或是只要你知道如何計算折舊與攤提，
你自己用試算表軟體建立一份也行。如果這讓你摸不著頭緒，
你只需購買軟體或上課，或兩者都做──或是換條致富路徑。
沒有好的財務試算表，這條路會崎嶇難行。還有，查一下都市
與土地協會（Urban Land Institute, ULI; www.uli.org）。都市與
土地協會是一個全美房地產開發商的支援團體，提供相關課程
與諮詢。

　　你的財務試算表裡會有什麼？利息支出、建築、折舊、許
可和維修費用等，這都是所有屋主容易忘記的一切。還有水電
帳單、物業稅，每一個雜支都會影響你的盈虧。然後假設一下

增值與收入。也許你假設房屋出租率 85%，每年收取 X 美元租金。你展望租金在接下來 10 年會上漲 Y%。你把建築物降低價值、減少稅金。多設幾個不同情境。假設 X 發生了，出租率提升了 Q%。假如 Y 發生了，租金會掉 Z%（這就是軟體可以幫上忙的地方）。最後，把上述一切提煉成一個很可能實現的「投資報酬率」——這是你向金主尋求融資的最主要賣點。

接下來呢？推銷、推銷、推銷！你讓金主參與這場交易，但是你的管理要占很大的貢獻——因為你讓這一切成真。這就像理財業（第 7 章，看一下這一章，好好比較一下共通點）。好的地產大亨跟創業執行長（或者說大部分的其他路徑）一樣，是超級業務員。許多投資人會斷定你的財務試算表是空想，所以你要找出是哪裡出了差錯並修正，或是找出投資人哪裡誤會了，並改變他們的心意。

米娜，精明的小地產大亨

人生有許多妥協——你可以走這條路，不必一切都很完美。我的媳婦米娜知道這道理。她是位可愛的小姐，是加州大學醫學院的醫學博士、兒童精神科醫師。米娜在韓國出生，是移民第二代，靠自己的奮鬥成功，追求典型的美國夢。米娜的母親來自韓國，拚命工作賺錢扶養米娜和她的兄弟長大。米娜工作認真、活力充沛以及絕妙的品味——愛上我家最優秀的次

子。她也靠自己走上了地產大亨之路，利用她看診的收入買下
一棟破舊的老房子，這棟房子有 13 個合法但有如貧民窟的出
租單位，位於租金管制（rent-controlled⑤）的柏克萊。由於已
經倒閉，有許多單位無人居住，她可以改建並提高租金。位置
就在地鐵線附近、靠近她母親依舊賣力工作的地點。所以現在
米娜能讓母親住在這棟房子裡更舒適、更好的區塊（美麗的木
作裝潢和前景窗戶），改善了母親的生活，而她母親可以幫忙
照看租客（租客的房間沒有別緻的木作）。

　　然後，米娜又加以修繕，讓房子以更高的租金填滿更想住
進來的租客。米娜把槓桿融資、把空置的單位如何變成印鈔
機，以及如何吸引租客都弄清楚了。唯一不理想的地方，是它
位於柏克萊（共產主義者的大本營），受到租金管制（不優）。
但是米娜得在這裡展開她的行醫生涯幾年時間，這件事在其他
地方無法做到。她在這個次優的地點盡力而為，但她會順利
的。假使你困在一個次優的地點，你可以這麼做。但可以的
話，最好還是選擇對你最有利的地點。

---

⑤ 一種法律制度，旨在確保房屋租賃市場的可負擔性，通常是對房東
可能收取的租金予以限制。

▌買、蓋，還是兩者都做？

你會想當哪一種大亨？你想像川普一樣蓋出噱頭十足的大樓？購買現成的物業？還是兩者都來一點？（事實上，川普的父親是從普通公寓起步的，爾後留給川普鉅額遺產。川普是在 1970 年代中期把地產事業做大，當時紐約經濟相當不景氣，他趁機買了許多陷入財務困境的曼哈頓大樓，後來他才開始蓋花俏的新大樓。然後上電視實境秀，最後當上總統）。買或蓋，有不同的考量。首先，要考量以下幾點。

地點、地點、地點

專攻對你友善的社區──這是一翻兩瞪眼的法則。如果你沒有政治勢力，你必須選擇對商業友善的地點。如果你在某些地點有「政治勢力」，那麼就算當地對商業不友善，別人不能做的，你還是可以做。「政治勢力」是這個社區對你友善、但不見得對人人都友善的另一種說法。

大部分的人在家鄉能進行的交易，到其他地區卻不行。身為知名的「在地寵兒」（或女兒），他們獲得當地政府當局的信任，無論說要做什麼都能做。不管你在任何地方，要是不受信任，你需要的是對商業友善的地點，否則你就得建立政治勢力，才能克服一切等著迎接你的障礙。

了解建築法規

無論要買還是要蓋，你都必須了解建築法規（上 Google 找）與其他規定。這不是不重要的小事。規定改變，可能會把龐大獲利變成全部賠光。你可以理解哈利・麥克洛（Harry Macklowe，資產淨值在房市崩盤前為 20 億美元，如今正努力東山再起）[10] 為什麼會「爆炸」。他擁有 4 座老舊破敗的建築，想要改建成浮誇的曼哈頓公寓大廈。但當時的市長艾德・科克（Ed Koch）通過法案阻止使用變更，認為實際居住者大多是低收入的租客，他們已經無處可去。當晚，就在法案生效的幾個小時之前，麥克洛炸平了這些建築。他付了 4,700 萬美元罰款，被禁止 4 年不得從事建築業。

2 年後，科克市長承認他的禁令可能違憲。麥克洛毫不耽擱，馬上破土動工。[11] 市議會抱怨他無權這麼做——禁令依舊有效——但他照蓋不誤，又付了罰款，建立了麥克洛飯店（Hotel Macklowe）。很少有胸懷大志者有他的厚臉皮或律師群。所以，儘管許多地方建築法規看起來很蠢，你還是得認識這些法規。

買現成的大樓可以輕鬆一點，但依然受法規限制。以下是真實故事。1970 年之後，舊金山軍火庫（San Francisco Armory）——位於明媚的米慎區的一整個都會街區——就空蕩蕩的。一再的開發與變花樣的嘗試都失敗。公寓大樓、商店、辦公室——你能想得到的都做了，但這座城市就是不買單。所以它繼續空著，這對任何人都沒好處。同時，舊金山非常需要於新屋的供給，物業稅徵收本來會對市府的財政有所幫助，但並沒有！

　　到了 2007 年──在任其荒蕪 37 年後，終於通過了什麼呢？在這座美國最早建立起現代「成人」產業的城市，Kink.com 獲准在此成立線上成人製片公司，專門拍攝，嗯哼，以地牢為場景的色情片。[12] 在軍營裡拍！在高檔的公寓大廈裡拍？不可以。但是一家世界級的情色片場？當然可以！你不會想買一間專門用來拍色情片的建築物。搞不好你會！但是得先知道你有什麼選項。

▎選哪裡和不選哪裡，這是問題所在

　　當環境對企業與雇員來說環境變差時，對你也是。要求我提高薪資的加州，以前是金山州（Golden State⑥），它為全美遵循的趨勢定調。如今已經不是這樣。加州的人口流失，財富與高收入居民也一起流失──卻流進了許多無收入的落魄者。如今立志成為地產大亨的人，加州可能是最糟的起點。它承受美國最複雜，而且經常也最矛盾的當地法規。跟十幾年前不同，它現在有最惡劣的勞工法，和對雇主最惡劣的司法系統──是如假包換、具有社會基礎的，而且不會消失。

---

⑥ 加州的別名。

　　首先，他們限制營建。然後──我沒騙你──市府官員投書報紙，偽善、羞辱地譴責地產大亨們興建高昂的房地產，害得「中產階級」家庭住不起他們的社區！解決方案是什麼？提高所得與銷售稅，好讓政治人物有錢處理這一切。神邏輯！

　　現在，供給面極度受限，需求面卻無法擋。從本書第 1 版發行以來，情況只有越來越糟。從 2010 年以來，灣區每多 6 個新職缺，才獲准多蓋一間房。[13] 開發商不停吵著要把釘上木板、早就沒在營業的購物中心（strip malls[7]），改建成嶄新的零售街區，上面蓋數百個公寓單位，但是大部分建案都無法實現。舉一個近期的例子，歐文企業（Irvine Company）嘗試要開發聖塔克拉拉一個老舊的自助式倉庫，提出一個住商混合的超級建案：450 戶的公寓，一樓為店面，全都過個馬路就到達交通轉運站。年輕科技人的夢想！但市議會把建案砍到 318 戶，並要求增加「經濟適用房」（affordable housing[8]）。歐文撒手不幹了──套上建築限制，代表營收也受到限制，根本無利可圖！[14] 現在聖塔克拉拉沒有 450 戶的公寓，一戶都沒有。這種情況不時發生，在舊金山半島隨處可見。庫柏蒂諾的居民差一點就通過能有效阻止任何新公寓建案的投票表決。另一項措施是真的通過了，阻止開發商把當地的幽靈購物中心改建成

---

⑦ 又稱為帶狀購物中心或廣場，在北美很常見，通常商店排成一排，前有人行道和大型停車場，多半獨立，很少跟附近的社區比鄰。

⑧ 是只要經濟條件低於某個標準，就能用低於市價購買或承租的房子。

一樓是店面、上面有數百戶的住商混合大樓。真的是「不動」
產。

　　隨著有錢人跟高收入者的逃離，需求將會逐漸消失。我的
建議：如果你要開始走地產大亨之路，除非你有超強的政治勢
力，否則別從加州這種地方開始。

致富路上的坑

　　我逃走了。這個州通往財富的路徑上，坑太大了。長期資
產報酬率貧乏——這裡未來不會有經濟活力。這個州對支出的
依賴，似乎特別容易趕跑高收入族群與企業（當然還包括主要
的納稅人）。加州不但在美國各州裡所得稅的邊際稅率最高，銷
售稅也是——7.5%（許多城市和郡還有附加費），加州也有對職
場最不友善的法規。如果可以，剛起步時，請避開這樣的地
點。反之，給華盛頓州一個機會。我搬到華盛頓州，過得快樂
無比（但願這裡有紅杉木，這是唯一的缺憾）。這個州便宜、乾
淨，也少了很多愚蠢的限制。如今我的公司大部分都北遷到這
裡，員工的生活水準跟我在加州的員工相比好太多了。我希望
他們醒悟並北上加入我們，現在離開灣區是一個很划算的交易。

永不疲倦的徵稅員

　　可笑的是，加州知道自己處境困難。這個州設法找出逃跑
的人！如果你是繳稅大戶又搬走，加州通常會追蹤、查帳，並

經常繼續寄稅單給你——在你已經搬走很久之後！從這個州的觀點來看，如果你離開是為了避免欠稅，那你就還欠他們。他們刻意設立讓逃離變得艱辛的州法。成功逃離牽涉到精通無數不重要的細節。如果你考慮要逃離任何州的徵稅，到別處去做地產大亨，要苦讀法規。雇用一名頂尖的稅務律師。

人們不斷抗議著來自陽光明媚的加州，持續不斷的徵稅需求。[15] 我的朋友葛洛佛·維克山（Grover Wickersham），他本身是律師，還幫我這本書跟過去著作提供編輯建議，老早就離開加州去倫敦了。他和他的夫人都成了英國公民，有一個孩子琳賽在那裡出生，現在 9 歲了。只有在 2008 那一年，加州政府停止為所得稅找他麻煩。他永遠都不會搬回來。其他人也不會。

經濟學家亞瑟·拉弗（Arthur Laffer）和史蒂芬·摩爾（Stephen Moore）提到過，加州本來有 2.5 萬個以上收入高達 7 位數的家庭，「在 2000 年代初期，超過 5,000 個離開。」[16] 去哪了呢？從 1997 年到 2006 年，人口遷移為正數的州排前 10 名，包括免稅的佛州、德州、內華達州和華盛頓州。這些是你會想去的州。或者是只對股息和利息收入課稅的田納西州。前 10 名剩下的是亞利桑那州、喬治亞州、北卡、南卡和科羅拉多州，都是所得稅率相當低的州（見下頁表 9.1）。[17] 那他們都從哪裡來的呢？許多都來自高稅率的紐約州和加州。這 10 年裡，紐約州流失了 200 萬居民！加州淨遷出的人口，也逾 130 萬人。[18] 但是遷出的是高收入人口，不是最窮的。身為地產大亨，你要逐金錢而居。更好的是，比錢先到那裡。

地產大亨最理想的州

在哪裡當地產大亨最理想，找找過去 10 年內高收入人口淨遷入的州。

表 9.1　地產大亨最理想的州
2005-2014 淨遷入人口最多的州

州名	淨遷入	州名	淨遷出
德州	1,353,981	紐約州	1,468,080
佛州	834,966	加州	1,265,447
北卡羅來納州	641,487	伊利諾州	669,442
亞利桑那州	536,269	密西根州	614,661
喬治亞州	406,863	新澤西州	527,036
南卡羅來納	343,700	俄亥俄州	375,890
科羅拉多州	315,015	路易斯安那州	230,747
華盛頓州	286,312	麻薩諸塞州	156,861
田納西州	281,998	康州	153,918
俄勒岡州	195,898	馬里蘭州	145,560

資料來源：亞瑟・拉弗、史蒂芬・摩爾和奈桑・威廉斯（Nathan Williams），〈窮州，富州：美國立法交流委員會—拉弗各州經濟競爭力指數〉（Rich States, Poor States: ALEC-Laffer State Economic Competitiveness Index），美國立法交流委員會（American Legislative Exchange Council[10]），2016 年，華盛頓特區。

---

⑩ 是一個非營利組織。

　　可是等一下，身為一位新地產大亨，你並不是在為有錢人蓋最高檔的房屋，對吧？是啊！但是如果賺最多的人都跑了，經濟萎靡不振，房地產價值、租金水準和租賃所得也會跟著縮水。簡單講，一個地區的富人占人口比例越高，對地產大亨來說就越有利。跟著錢走就對了。

　　總之，從職缺流失的地點轉向職缺增加的地方。尋找乏人問津所以可以便宜購買、但你能迅速把它變成印鈔機的物件。利用槓桿融資，快速獲得比你能自籌的更多資金，但是不要賣掉或炒房。緊握在手，並利用你的房產越來越多的現金流，去融資並買進更多房地產。不斷重複這個公式，不停地打造現金流並槓桿融資。為了替頭期款籌措資金，持續尋找投資人，讓他們以注資換取參與你所做的事情。你是偵探、創業家、建商、買家、借款人、規畫者、銷售人員、一個能打造印鈔機的人——是這一切讓你成為地產大亨。

▌地產大亨書目

　　如果希望有策略地成為地產大亨的話，以下作品可讓你學習更多。

　　▶《傻瓜的房地產投資指南》（*Real Estate Investing for Dummies*），艾瑞克・泰森（Eric Tyson）與勞勃・葛利

斯沃爾德（Robert Griswold）合著。傻瓜系列的書，書名雖然很蠢，卻是初學者的好指南，並帶領你找到更多好書閱讀。艾瑞克‧泰森是我朋友，他值得信任，而且有把你的利益放在心上。先讀這本書。

▶ 《華爾街日報房地產投資完全指南》（*The Wall Street Journal Complete Real-Estate Investing Guidebook*），大衛‧克魯克（David Crook）著。《華爾街日報》推出了一系列簡單、方便的參考書。這本也不例外。

▶ 《房地產開發融資完全指南》（*The Complete Guide to Financing Real Estate Developments*），艾拉‧納赫姆（Ira Nachem）著。這本書提供你獲得融資的基本要素，關於如何完成一張詳細財務試算表，也會示範一遍步驟，好讓你能用來找到投資人，而且不會激怒他們。這本書是參考書的形式，價格比較高，不過網路上都可以買到。

▶ 《獨行俠式的房地產投資》（*Maverick Real Estate Investing*），史蒂夫‧貝吉斯曼（Steve Bergsman）著。這本書透露頂尖地產大人物是怎麼發跡的。對想要獲得具體建議的讀者來說，這本書不優，但抱持正確期待的話，你會讀得很享受。要是你讀完這本，可以繼續讀貝吉斯曼的《獨行俠式的房地產融資》（*Maverick Real Estate Financing*），對於準備好要進行更大交易的地產大亨來說，是一本很棒的書。

 ## 成為地產大亨指南

1. **學習愛上槓桿融資**。借錢不是壞事，是好事！你不槓桿融資的話，是無法從地產生意中賺得漂亮的報酬率的。克服你的恐懼，不然就另擇他路。

2. **把物件變成印鈔機**。在乏人問津的物件中挖寶，使用有效手段讓它們填滿租客。如果你能眼光獨到，看見別人看不出來的價值，就能買到好價格。而透過填滿租客，你馬上就擁有現金流，能利用它槓桿融資，實現你的下一筆房地產交易。

3. **別欺騙自己**。就連購屋老手，都會在報酬率上欺騙自己。持有房地產相當花錢，而且會侵蝕你的報酬率。

4. **別當炒房客**。我才不管你認識多少買進法拍屋，然後炒高房價的人。別這麼做。法拍屋的確可撿到便宜，但是炒房在本質上是短期博弈，而且是一條死路。

5. **找到一個景氣蓬勃的市場**。你不需要在一個富人的市場裡建造或持有房地產──對新手來說太貴了。你只需要一個很可能繼續維持繁榮、或將來會變得繁榮的地區。這不難判斷，只要尋找對商業友善、稅率低的社區。

6. **建立財務試算表**。沒有商業計畫，你無法獲得金主支持人；而要是沒有金主，你不管做什麼都做不大。你的財務試算表是最重要的部分。去上課學習如何建立一份，或是在線上購買軟體。

7. **搞懂法規**。在你蓋或買之前，請先了解你會受到哪些不可思議的建築法規和分區使用管制的打擊。為你所在城鎮的共產黨主義者的攻擊預作準備，以減少成本高昂的拖延時日。

8. **去上實境秀、精通推特，和選總統**。不上電視你也能賺錢——而且不開設競選辦公室，賺的錢也能多存下多一點——但川普肯定會說這樣就不好玩了。要是不好玩，那有錢還有什麼意思呢？

CHAPTER
10
最多人走的路

喜歡枯燥、可以預測的路徑嗎？這條可靠、穩定的致富之
路，可能就是適合你的路徑。

最不譁眾取寵，但也最可靠的致富路徑，就是跟好的投資
報酬率掛鉤的儲蓄。這方法很符合美國的清教徒傳統，
其源頭來自猶太─基督徒價值觀中的美德，節儉跟勤勞是有回
報的。這條路也夠寬廣，足以容納有薪水可拿的任何人。數十
年來，從理財作家蘇絲·歐曼（Suze Orman）到《原來有錢人
都這麼做》（*The Millionaire Next Door*），有數千本指南因為這
條路徑而誕生。

　　第一步是儲蓄。然而事實上，有些人就是做不到──無論
收入有多少。有些人一年賺 50 萬美元，照樣花光光；有些人
天生就比較節儉。有些人可以進步；但也有些人永遠都進步不

了。可是要走這條路，非儲蓄不可。

　　第二步是獲得不到傑出但不到驚人的投資報酬。複利的神奇力量能擔保，即便是薪水最低的兼職清潔員也能做到這一點，只要他們一年能存下幾千美元。能登上《富比士》富豪榜嗎？上不了。但是，任何人都能成為累積數百萬美元的「百萬富翁」。

　　請注意：如今 100 萬美元已經不算多了！投資得宜的話，100 萬美元能帶來一年大約 4 萬美元的現金流（稍後會說明原因），但這數字還不足以讓人覺得有錢。但是如果有不錯的工作和儲蓄紀律，資產要達到 1,000 萬以上並非難事。這條路徑並不性感，節儉受到肯定不是靠性感！但好消息是：這條路不需要文憑，甚至連高中文憑都不需要（但是受教育有助於找到比較好的工作）。這不是一條人跡罕至的路，恰恰相反，這是致富路徑中最多人走過的路。

▌收入很重要

　　為了存下更多而多賺一點——就這麼簡單。收垃圾的清潔員存不到醫師那麼多。這不代表醫師能存下更多錢——他們是出了名的揮霍，但是至少他們想儲蓄時能辦得到。在你喜歡的相關領域找一份待遇好的工作。如果你身處在夕陽產業，換份工作。如果你住在低薪地區，搬走。搬去哪？最好是德州、佛州或華盛頓州！全都不收州所得稅，而且跟高稅州相比，10年內會有更多待遇更好的職缺（為什麼有些州就是比較好、而其他州比較糟，理由請見第 9 章的詳細說明）。

從事任何行業，都要權衡代價／報償。你得上學和實習多久？值得嗎？回想一下第 1 章和第 7 章所討論的，哪些產業會變得更重要？有些人可能會勃然大怒說：「但你應該做自己喜歡的工作！」是啊，但可能就像瑪麗蓮·夢露說的：「天哪，如果你喜歡的工作能夠賺到很多錢，那不是更好嗎？」如果你的熱情所在是社工、教幼兒園的孩子，或是縫棉被——很好。那就專注在節儉上。這是可以做到的！我有客戶是郵差、教師、警察等等。他們辦到了。光靠節儉！

求職

要從哪裡展開或更加擴展你的職涯，去讀理查·尼爾森，波利斯（Richard Nelson Bolles）的《你可以不遷就：你的求職降落傘是什麼顏色？》（*What Color Is Your Parachute?*）。這本 1970 年出版，至今年年刊印的經典，能協助判斷你從一個職涯當中，真正想要／需要的是什麼。也許你會發現，你根本不想變有錢！又或許你會弄到一份高薪工作，但要是你過得慘兮兮，這份工作也做不久。

現在，你知道你想做什麼了。接下來，找一家在同業裡待遇更好的公司。別理會人力銀行的線上部落格和聊天室。會在上頭巡田水的，盡是對公司一無所知的人力銀行業者，和對公司不滿、剛離職不久的前員工。我認識一位仁兄，他兒子告訴我，他所有找工作的訣竅都來自聊天室。我目前還沒想出夠得體的方式，跟他爸說他兒子是個白痴。

你得以私募股權經理人的方式那樣思考，拿起《華爾街日報》，閱讀你鎖定的產業。找出該產業裡你認識的人，拜訪他們。他們可能會有對產業的深刻理解，也可能會協助你準備面試資料——他們有內部消息，知道哪一家給多少薪水。還有一個額外好處：當你徵詢他人意見，他們會覺得自己受到重視，因此通常樂意幫忙。如果他們幫你找到工作，對你而言是好事，對幫上忙的人來說，也會得到心理上的滿足。

製造賣點

求職就是在推銷賣點——產品就是你自己。在每一條致富路徑，你都得會銷售！你越懂得推銷自己，薪水變高的速度就越快。去找一本杰・康拉德・李文生（Jay Conrad Levinson）和大衛・培里（David Perry）合著的《求職 3.0 之游擊行銷》（*Guerrilla Marketing for Job Hunters 3.0*）。除了別管他說的「外包是一個問題」的鬼扯另外，整體而言，這是本優質的求職書。還有東尼・貝沙拉（Tony Beshara）的《搞定求職》（*The Job Search Solution*），這本書有獨特又有幫助的洞見。

在求職應用程式 Monster 上張貼你的履歷，當然還有領英

（LinkedIn）——所有這類地方。但光做這些還不夠，你必須自我推銷，跟人建立關係。打電話給暫時不需徵人的公司，要求「資訊式面談」（informational interview[1]）。跟朋友的朋友、還有朋友的朋友的朋友約吃午餐，問他們的工作在做什麼。找到你覺得他們的工作的有趣之處，然後請他們幫忙。別忘了，你需要一份令人滿意、專業的履歷，所以去讀史考特・班寧（Scott Bennett）的《履歷王：教你立刻找到好工作》（*The Elements of Resume Style*）吧。

面試之前，找個朋友練習。別主動透露私人訊息或談論私事，這會令對方不自在，且對你喪失興趣。要在面試中拿高分，請把私事留在家裡。

並不是你找到工作，一切就結束了。你要繼續推銷自己，把自己視為搭順風車的左右手或是潛在的執行長（讀讀這幾章，找找如何成為高薪優秀人才的訣竅）。你可能需要選擇——你是要深耕、成為一個專家，還是要廣博、成為一個經理人？這兩者薪水都不錯，但在你的領域裡，可能只有一種薪水比較高。永遠不要停止探索和推銷你自己。也許你不想這麼賣力工作，你可以選擇，但是你收入越高，能存下來的錢就越多。而你存得越多，你的錢就越能夠為你工作，你在這條路上就會更加有錢。

---

[1] 是矽谷常見的求職文化，在申請職缺前，為了了解公司、職位等更多的資訊，先找公司內部員工面談。

█ 你給自己多久存錢的「寬限期」？

實際上，你該存多少呢？挑一個退休年齡，計算你需要多少錢。財務計算機 app 或試算表可以幫上忙（如果這兩者都令你心生畏懼，找個十幾歲的孩子幫忙）。算出到 X 日期時你想要有多少錢。200 萬美元夠嗎？1,000 萬美元呢？（如果比這個數字高出很多，那麼你需要的是一份真正高薪的工作，或是換一條路徑走）。跟現在相比，你將會需要更多還是更少（經通膨調整）的收入呢？你能省下購買度假屋來存下更多錢嗎？或是旅行？有其他收入來源嗎？有些顧問會建議你假設退休後的所得替代率是 70%。不！這完全取決於個人，有些人需要更多，有些人比較少。選一個當前物價的金額數字，為了安全起見，要對自己大方一點。然後再根據 X 日期調整通膨。

但是要怎麼做呢？很簡單，儘管以下公式看起來很可怕。基本上，你假設一個通膨率，然後挑選一個未來時間，好比 30 年。然後計算通膨會讓今天的面值增加多少（換言之，就是複利利率）。要計算出來，得運用以下公式：

$$終值（FV）＝現值（PV）\times（1+R）^n$$

提醒一下那些忘記統計學在學什麼的人，終值（FV）就是**未來價值**（future value）——今天的一塊錢，在經過複利計算後，在未來會價值多少錢。現值則是**當前價值**（present value，PV），也就是當下的金額。R 值是**利率**（interest rate），我們通膨率代替。N 是未來跟現在之間相距幾年的年數。

如果要以今天的 10 萬美元過日子，以 30 年、3%通膨率來計算終值，要用 10 萬乘以（1+3%），加上 30 年的複利力量。用試算表軟體（它有 FV 計算捷徑）或計算機，得出結果如下：

$$\$100,000 \times (1+3\%)^{30} = \$242,726.25$$

也就是說，你需要大約 24.3 萬美元（若你假定的通膨率更高，就會需要更多）。但是你得存多少錢，才能屆時生出這筆錢呢？這更簡單。為了讓你的投資組合盡量跟你一樣長壽，你每年通常不會提取超過整體 4%的現金流。所以把 24,3000 美元除以 4%，得到 6,075,000 美元。所以你得存 600 萬美元。

為什麼是 4%？

我曾經說過，如果你想要你的錢跟你一樣長壽，通常你的支出不該超過你整體投資組合的 4%。可是股票長期平均下來，不是一年有 10%報酬率嗎？或許吧，看你截取的是哪一段時間。但這不代表你每年能花掉 10%嗎？不——除非你想要快點把錢花光。

股票報酬率每年都不太一樣，而且極端的報酬率比平均報酬率更「常見」，如圖 10.1 所示。大跌之年比你所想的更加罕見，但是這種情況下，你還是會經歷個幾年，在大跌時你不但得彌補跌掉的部分，還得補上自己那 10%的洞，而這個洞會隨著時間，累積小洞變成大洞。

透過進行一個簡單的蒙地卡羅模擬（Monte Carlo simulation，可以上這個網站找 http://www.moneychimp.com/articles/volatility/montecarlo.htm），你會發現每年開銷不超過總儲蓄 4%，你的財產終身夠用的機率最高。

存 600 萬美元？

看起來好像太多了。你要怎麼存到這麼大一筆錢呢？得在 30 年時間裡，每年省下 20 萬美元。能做得到的人很少。因為你實際上會存比較少，並把儲蓄拿來投資。隨著時間過去，透過複利的神奇力量，你會得到 600 萬美元的。所以實際上一年要存下多少呢？

$$（i×終值〔FV〕）／（〔1+i〕^n－1）＝金額（PMT）$$

公式中的金額（PMT）是你每年必須存下的數字。這是我們要努力搞清楚的數字。i 是利率，是你假設自己每年會獲得的投資報酬率。n 是現在距離你想開始提領的年度之間有幾

圖 10.1　平均報酬率並不常見

這段時間的
平均報酬率：36.7%
多頭收益率：36.7%
負收益率：26.7%

<-20%	-(20%-10%)	-(10%-0%)	0%-10%	10%-20%	>20%
6	6	12	13	20	33
					1927
					1928
					1933
					1935
					1936
					1938
					1942
					1943
					1945
					1950
					1951
					1954
					1955
				1926	1958
				1944	1961
				1949	1963
				1952	1967
				1959	1975
				1964	1976
				1965	1980
			1947	1968	1982
		1929	1948	1971	1983
		1932	1956	1972	1985
		1934	1960	1979	1989
		1939	1970	1986	1991
		1946	1978	1988	1995
		1953	1984	1993	1996
1930	1940	1962	1987	2004	1997
1931	1941	1969	1992	2006	1998
1937	1957	1977	1994	2010	1999
1947	1966	1981	2005	2012	2003
2002	1973	1990	2007	2014	2009
2008	2001	2000	2011	2016	2013

資料來源：全球金融數據公司（Global Financial Data, Inc.）、金融數據
軟體公司 FactSet、標普 500 指數總報酬率，1926/12/31-2016/12/31。

年。以及，同樣地，終值是你所渴望的未來價值——在這個例子裡是 600 萬美元（如果這段文字讓你頭皮發麻，你可以使用試算軟體 Excel 的一個功能——只要記得終值是 FV，或是找你認識的十幾歲小孩幫忙）。

要計算這一題，假設 i 是 10%（大約是我預期的股票長期平均報酬率），終值是 600 萬美元，而你將在 30 年（n）後退休：

$$(10\% \times 600\,\text{萬美元}) \Big/ (\,[1+10\%]^{30} - 1\,) = \$36,475.49$$

為了 600 萬美元，你要連續 30 年，每年存下 3.6 萬美元——每月是 3,000 美元。看起來還是太多了嗎？這就是為什麼高薪工作能幫上忙了。不過 3.6 萬美元不難存到：

▶ 2017 年的 401(k)帳戶存入最高限額——1.8 萬美元（還能幫你節稅！）。

▶ 如果你的雇主跟我的公司一樣會對等提撥 50%，那就又多了 9,000 美元（免費！）。

▶ 2017 年的個人退休帳戶（IRA[②]）存入最高限額——5,500 美元。

---

② 一種投資自負盈虧，但具稅務優勢的退休金帳戶。

　　這樣就已經 32,500 美元了。現在你只需一年再多存 3,500 美元——每個月 292 美元——在應納稅的帳戶裡。這還不簡單！如果你已經結婚了，請你的配偶透過 401(k)和／或 IRA 帳戶存錢。搞不好你存的每一塊錢都能遞延所得稅！

　　也許你現在還存不到一年 3.6 萬美元。那你該放棄嗎？不！利用 Excel 試算表，設定你每年可以多存多少，假設一個報酬率，並且不斷東省西省，直到你達到終值。要堅持這個存錢計畫。記住金錢的**時間價值**——越早存的錢，價值就是會更高。盡己所能地存錢，越早開始越好，這樣你後面會輕鬆許多。我無法再說得更簡單白話了！

　　差個幾年會差多少？差很大。一個 25 歲的人要在 60 歲之前存 600 萬美元，只需一年存 2.2 萬美元（假設報酬率是 10%）。只要 401(k)存到最高額，加上雇主提撥的部分，以及 IRA 帳戶也存到最高額，你就已經完成了。但是 40 歲才開始的話，你一年得存 10.5 萬美元，或是不要 60 歲就退休，或是放棄 600 萬美元的夢想。你自己決定。

　　3%通膨率加上 10%報酬率只是預設，你可以微調挪動。例如，也許你是個悲觀主義者，你認為股市未來 30 年的平均報酬率只有 6%，那你就得存更多錢。我的意思不是一年存 3.6 萬美元很容易，我的意思是知道自己需要多少錢，並建立一個達成目標的計畫，然後堅持這個計畫。

到底該怎麼存到錢？

　　高薪工作能幫上忙。節儉度日也能幫上忙。已經很多書在宣揚如何節儉了，我甚至不用舉例，那些書全都是同一主題的**變體**：別喝拿鐵、別買設計師品牌、在折扣商店或廉價商店購物、在 eBay 上買二手商品、買中古車、多在家煮。全是不用動腦就能明白的事。有些人就是做不到這些——做不到就是做不到。如果你做得到，很棒！如果你做不到，你得重寫自己的「程式設定」（非常困難），或者找一份待遇更好的工作。

　　如果你覺得自己無法存那麼多錢，以下計算是讓你開一開眼。根據你現在能存多少，計算 30 年後你會有多少錢。假設去年你存了 2,000 美元。要計算出你的終值（你現在是這方面的專家了）：

$$金額 \times ([(1+i)^n - 1] / i) = 終值$$

　　你承諾自己，來年會存更多。你會嗎？運用前面的 i 和 n 預設值。你的金額（每年存下的錢）是 2,000 美元：

$$\$2,000 \times ([(1+10\%)^{30} - 1]/10\%) = \$328,988.05$$

　　每月存下 2,000 美元，30 年後你會得到 32.9 萬美元——在 30 年裡每年大約 1.3 萬美元（相當於 2015 年的 6,150 美元左右）。這樣無法變有錢。

■ 獲得好報酬率（買股票）

我們一直假設報酬率是 10%。事實上，很少有人能獲得那麼好的績效。大部分**專業人士**都無法，雖然這不是難事。

那你怎麼做才行？方法很簡單：**投資股票**。你得全球性地分散投資，你可運用某些工具，像是 MSCI 世界指數（MSCI World Index[③]）或是全球股市指數 ACWI Index 做你的指引（www.msci.com）。我是股市的超級粉絲，因為股票的長期報酬率明顯較佳。然而你必須確定你的目標、投資年期和所需要的現金需求，對於投資年期很短的人來說，不適合將所有的錢都拿來投資股票。但那不應該是正走在這條路上的你。本章假設你未來 5 年都不需要存錢買房（為了遮風避雨，不是為了投資），這代表你有資產長期成長的目標而需要投資股票。

有時為了規避股市即將到來的長期空頭，你偶爾會轉換成持有現金和債券——這可以協助對抗股市的重跌。如果你的衡量基準是 MSCI 世界指數，而且一年跌了 20%，但是你的投資組合只跌了 5%，你就贏了大盤 15%——這很厲害。但是真正

③ MSCI 是 Morgan Stanley Capital International 的頭字語，是一家投資分析工具供應商，發行多種股市指數。

的熊市比媒體希望你所想的更罕見，而如果你真的想知道該如何適當地選擇進出場時機，你應該改走理財業之路（見第 7 章）。

　　大部分人存退休金的投資年期，遠比他們所以為的更長（我們稍後將會談到），而且如果你對資產的成長不感興趣，你也不會讀一本在談如何變有錢的書了。

你可能比自己想像得長壽

　　把存款全都拿來買股票，會令你卻步嗎？這其實並沒有多數人想像得那麼危險，因為他們設想的投資年期，都設定錯了。大家會想：「我 50 歲了。我想在 60 歲退休，還剩下 10 年，所以我的投資年期是 10 年，應該這樣投資才對。」大錯特錯！除非你想把錢花光光，否則如果你要留錢給孩子，你就得盡可能延長資產存續的時間──通常是跟你的壽命，或是你配偶的壽命一樣長（至少跟你們倆的壽命一樣長）。

　　但即便是那些有搞清楚投資年期的人，通常也還是會低估自己會活多久。圖 10.2 顯示預期壽命的中位數，以及美國國稅局（IRS）死亡率表的第 75 和 95 百分位數的預期壽命。X 軸顯示現齡，Y 軸顯示過去的現齡。例如，虛線顯示預期壽命的中位數──現齡 65 歲的人，預估還有 20 年的壽命。

　　所以，假如你現在是一個年齡為 65 歲的人，你還會再活 20 年。這表示有一半的人，會比你活得更久。如果你身體健康又來自長壽家族,你可能會活更久!此外,你應該預設你會活得更高齡,才不會在 85 歲就把錢花光光。一個健康的 65 歲人,應該計畫再活至少 35 年。而且預期壽命還會持續上升,如果你現在還年輕,等到你 65 歲的時候,預期壽命中位數應該會更高。

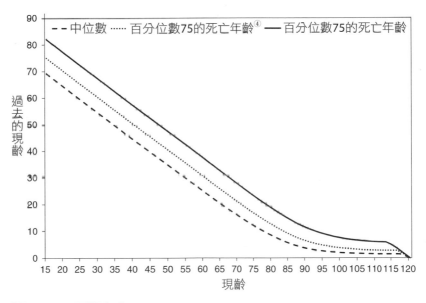

圖 10.2 預期壽命
資料來源:美國國稅局裁定的 2015-53 年死亡率表

④ 編註:即壽命長度為同群體中前 25%的人,平均死亡的年紀。

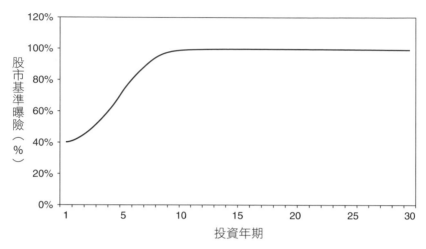

圖 10.3　參考基準與投資年期

所以呢？活得更久表示要持有股票更久，圖 10.3 顯示如何根據你的投資年期，來思考股票的曝險。當投資時間比 15 年更長（就像你），如果晚年想過得寬裕，應百分百持有股票。

目標混淆

投資人會誤判的另一項因素，就是目標混淆不清。多數人無法三言兩語就說清楚他們的目標是什麼。我們覺得自己獨一無二（我們是啊——但人人也都是），我們的目標也應該要獨特才對。不，金融產業喜歡以複雜的研究和市調來造成混淆，這樣他們才有收取高昂費用的正當理由。投資的主要目標，不外乎三大項：

1. **增值**（Growth）。你希望你的儲蓄增值越多越好，才夠支付之後會持續墊高的生活費用；或是現在錢就變多，才夠支付近期所需。又或者你只是想要留下很多錢給子女、孫子女、罹患白化症的雪豹，或任何你想要留錢的對象。

2. **收益**（Income）。你需要及時的現金收益以支付生活開銷。而且你並不在乎資產是否增值，只要現金持續足夠使用即可。

3. **增值加收益**（Growth and income）。你追求某種程度的資產增值與現金收益。

99.993%的讀者適用這三大目標的其中一項。我沒將**保本**（capital preservation）列為目標。這聽起來很美好！但這代表你不必承擔任何風險，資產也不會增值，對於想走這條致富路徑的你沒有幫助。**保本又增值**是金融產業的神話故事、零卡路里蛋糕，不可能，絕對不可能會發生！為了使資產增值，你得承擔風險；而為了保本，你得規避風險。如果有人向你推銷這種保本又能增值的投資策略，那就是在欺騙你，無論他自己知不知道。如果你想要走這條路，你能接受的股票比重越高，對自己越好。

▌ 正確的策略

所以，你知道你需要持有股票，最好是全球分散投資，例如以 MSCI 世界指數為指標。然後呢？在大部分時間裡，按照你的參考指標那樣投資就可以了。聽起來很簡單，對吧？但你大概不曉得我有多常聽到，「是的，我需要一個股票的參考基準，但是**現在**股市令我害怕。我先持有債券跟現金**一陣子**，會比較安全。」人們把資產主要配置在現金或債券視為**安全**的作為。債券的波動比較小，這代表安全——是嗎？

錯了！當你應該百分百持有股票時，持有現金跟債券其實再危險不過！你嚴重偏離了你的計畫，提高了無法達成目標的機率，也許提高了非常多。這不安全，而且很危險。如果你的股票指數指標是一年上漲 30%，但持有債券只會上升 6%，你當下或許覺得很舒坦，但投資報酬卻落後了 24%。你現在不但落後，還落後超多。你需要平均每年都**超過大盤** 1%（非常難做到），才能在接下來 24 年裡，追上這個落後的漲幅。

全球化投資

為什麼要強調全球化投資呢？標普 500 指數代表性還不夠嗎？如果你把新興市場也算進去（而且你也該算進去），美國股市只占世界整體的 41%。[1] 如果投資沒有全球化，你會錯過許多機會，包括降低波動性的機會。為什麼能夠降低波動性？

答案很簡單，你的指數覆蓋面越廣泛，波動就越平穩。

想想覆蓋面超窄又波動劇烈的那斯達克指數[5]——在 1990 年代後期大起又大落，只是不賺不賠。與此同時，世界股市卻從科技泡沫的高峰開始，上漲了 78.9%。[2] 越廣泛的指數越平穩，沒有比全球指數更廣泛的了。此外，美國與外國股市的績

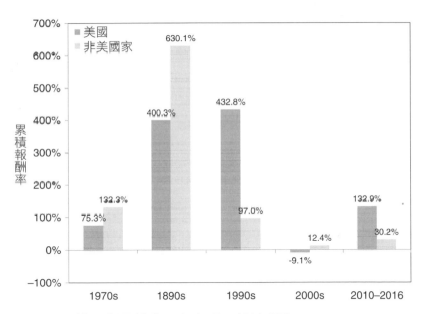

圖 10.4　美國與國外的股市表現，輪流領先
資料來源：FactSet（2017/12/1）、1969/21/31 至 2016/12/31 的標普 500 總報酬指數（S&P 500 Total Return Index）和 MSCI 歐澳遠東指數（MSCI EAFE，含淨股利）。

---

[5] 在那斯達克股票交易所掛牌上市的，多為美國科技股。

效表現由誰領先，如圖 10.4 所示 —— 有一方多年領先另一方，領先了好大一截。你只是不知道接下來會由誰領先。因此，投資全球，就能兩者都持有。要是你真的知道接下來哪個市場會表現得最好，歡迎進入理財這一行。

被動投資還是主動投資？

那現在該怎麼辦呢？你會想花多少時間在投資上而不是專注在工作上，好讓你多賺一點錢並省下來投資呢？如果你的回答是「花很多時間」，請容我說一句：「真的嗎？」如果你要走本章這一條致富路徑，我想你可能沒那麼多閒暇時間成為一個投資專家。但如果你已經下定決心，請讀我 2007 年出版的暢銷書《投資最重要的 3 個問題》（*The Only Three Questions That Still Count*），這本書處理的就是這個範疇。

避開任何有「神奇公式」或「你需要的只有這類股票，別買那類」的建議。大部分的投資書都會帶著你偏離正道，因為它們主要立基於錯誤的假設，認為只有某種規模、風格或類型的股票，永遠都是最好的。才怪！（我在前段提到的那本書，詳細說明了原因）。事實上，長期打敗大盤的唯一方式，是一再地知道別人不知道的祕密，而我要事先提醒你：這非常難以達成。

如果對你來說時間很寶貴（在這條路上也理當如此），那麼你要怎麼做，端看你有多少資金，以及你想要主動投資還是被動投資（**被動**指像大盤一樣投資，並獲得像大盤一樣的報酬率；**主動**指藉由某種與市場不同的投資方式，獲得打敗大盤的報酬率）。當資金少於 20 萬美元，被動投資就好。

　　許多人嘗試過主動投資，但他們的績效落後大盤——大幅落後的機率是四比一或更高。大部分嘗試的人都失敗了。當資金在 20 萬美元以下，你的主要投資工具應該是共同基金。這是很普及的投資工具，但成本很高又無法節稅。你可能明明賠錢還收到資本利得的稅單。非常違反常情的徵稅。你持有基金，卻因為基金裡已實現的收益而被徵稅。只有美國是這樣！在海外，沒人這麼幹。

　　再者，多數基金的投資績效落後大盤，而你無法得知哪一檔基金會不會落後，所以對你非常不利。只要分散投資在幾檔主動型共同基金，就幾乎保證你的報酬率一定會落後被動的投資策略。

正確的被動投資

　　被動投資其實很容易執行！我寫到這裡時，全球市場裡美國約占 41%，47%是發展中的其他國家，12%是新興市場。[3]開一個證券帳戶，哪裡便宜就在哪裡開——哪裡都好，開一個有折扣的線上證券戶也不錯。接著，依全球股市權重去買指數型基金（index funds）或是在交易所買賣的指數股票型基金（ETF，純被動型基金，但是課稅比照股票而非基金。後又統一以 ETF 稱之）。買大概 41%便宜的標普 500 指數基金或 ETF、47%的歐澳遠東（EAFE），以及 12%的新興市場。當你存下更多錢，就等比例地再買一些，然後就不要管它。這概念就像第 8 章的朗恩・波沛爾會說的，「設定好就忘了它。」別去動，幾十年都別動。

要確定你的基金是收取低費用的。標普 500 指數方面，你可以購買「蜘蛛」標普 500 指數 ETF（股票代碼：SPY）、iShares 核心標普 500 指數 ETF（IVV），或是先鋒標普 500 指數基金（VFINX）。無論你選哪一檔，都要確認你買的是便宜、沒有別的花樣、平凡的 ETF 或指數型基金。有些基金公司把收費較高的策略，暗藏在取名為「指數」的基金裡，別被騙了。要精打細算。至於 EAFE，請考慮 iShares 的 MSCI 歐澳遠東 ETF（EFA）、先鋒的已開發市場 ETF（VEA）和全市場 ETF（VDMIX）。新興市場方面，你可以買 iShares 的 MSCI 新興市場 ETF（EEM）或是先鋒的新興市場股票指數 ETF（VWO）。你的券商可能會為此收取不同的額外費用，也可能不收。ETF 跟指數型基金幾乎是一樣的，除了差了 30 個基點的成本——挑比較便宜那一個。

我再怎麼強調挑選無聊、普通的指數型基金或 ETF 都不夠。被動型基金越受歡迎，就會有越多主動投資策略偽裝成被動投資產品。這一切都是為了品牌宣傳。有一些商家創造出新的利基「指數」，然後推出一檔基金來反映該指數。突然間，一檔指數型基金就變出來了！只比帳面價值多一丁點的公司、把一定比例的自由現金流投入該業務的公司、主打純女性經營的公司，還有其他的利基標準（往往反覆多變），都有時髦複雜的指數。某些指數甚至是以主動投資的方式來管理。我對這些策略沒有不敬之意，只是全都不是被動投資，而是主動式的，這些投資策略假設某一類企業永遠都比較優秀。但萬事萬物有它的陰晴圓缺。我的建議是：忘掉這些噱頭，要長期投資，枯燥才是最好的。

找人幫忙還是自己來？

你手頭的資金超過 20 萬美元嗎？（太好了，你正在讓這個世界變得更美好）。那你就應該加入買個股的行列了。這會更便宜也更節稅——非常容易。人們很少會注意到如內扣費率、券商手續費等共同基金收取的費用，這等於是把 2.5% 到 3.5% 或更高的資產拱手送人。

如果你的資產範圍在 20 萬至 50 萬美元，你的損失會更少，也能以更有效的方式採取 ETF 策略（記住，ETF 追蹤指數，但是像個股一樣表現與交易）。當資產在 50 萬美元以下時，你無法以個股進行足夠的分散化投資；但是只要資金在 20 萬美元之上，你可以開始透過 ETF 進行國家和產業層面的配置，決策得宜的話，就可以提高最終盈利。但如果你有 50 萬美元以上，你絕對能加入買個股行列，不必再碰共同基金！

那對你來說太不划算了。

　　但一樣還是那個問題：應該要被動還是主動？被動投資績效打敗了大部分主動式資金管理。要被動投資，你會想要你持有的個股，最能反映全球股市。要做到這一點，你可以上 http://www.ft.com/ft500，並下載「金融時報 500 強」（Financial Times 500），這是全世界市值最大的前 500 名榜單，名單會定期更新。你不必持有這 500 檔個股，那會非常花錢，但是你可以大概買個前 100 大，讓你的投資有良好的全球覆蓋率。為了完善你的投資組合，你可以買個幾趴的小型股全球 ETF（像是道富〔State Street〕的 SPDR 標普國際小型股 ETF，股票代碼是 GWX）——這是成本最低的方式了。這就是被動式投資。當你存下更多錢，以相同百分比繼續買。除此之外，什麼都別管。

　　無論你是持有 ETF 的較小型投資人，抑或是持有個股的大戶，要主動投資並嘗試打敗大盤，你都必須雇用投資經理人。這也一樣不容易，因為你必須問對問題。你不會想請人只是來「管理」一個都是共同基金的投資組合，也不會想從全權委託的資金經理人中「挑選」一個可靠的。這樣做只是在更多成本之外被多扒一層皮，吃掉你的報酬率。別雇用中間人——雇用一個知道自己在做什麼的決策者。這樣的人非常稀少。接下來幾頁，我會列舉一些問題，用來問你可能聘請的投資經理人。背起來，或列印一份隨身攜帶。

甄選投資顧問時該問的問題

在這條致富路徑上，你沒有時間或沒受過訓練該怎麼管理你的資產嗎？你並不孤單。然而，雇用投資顧問絕非等閒之事。以下問題能幫助你評估是否要信任某個人，把錢交給他管理。

在我看來，資產配置是最重要的決策……

▶ 誰負責決定或建議改變我的資產組合呢？你？你公司的其他人？最終責任在我身上嗎？

▶ 我的投資組合如需重新配置，主因會是你對市場的看法，還是我的需求？

▶ 我的投資組合多久會重新檢視一次？

▶ 如果你預測熊市到來，你會如何更動我的資產組合？牛市呢？

▶ 誰負責做這些預測？他們的成功率如何？

▶ 你建議的資產組合變動，在過去 10 年表現如何？

▶ 具體來說，你追蹤什麼指標什麼來預測市場方向？

▶ 你的市場預測會如何影響你的資產配置建議呢？

各國市場表現向來此消彼長過去是，未來也會是……

▶ 誰會調整我資產組合裡的國內與國外股票組合？

▶ 你（或你的公司）如何知道何時要加重或調降美股的權重？調整多少？

▶ 你（或你的公司）如何決定要投資哪些國家、避開哪些國家？

▶ 誰負責做這些決定，以及他們是否具有經驗證的績效？

過度配置給錯誤的股票種類，可能會嚴重妨礙績效……

▶ 你公司的股票類型是哪種？大型股還是小型股？成長股還是價值股？還是都有？⑥

▶ 投資風俗是固定的，還是會不斷變動？

▶ 什麼因素會讓你（或你的公司）增加或減持大型股或小型股？價值股或成長股又如何？

▶ 什麼因素會讓你（或你的公司）增加或減持特定產業類股？

投資顧問應該是跟我的利益完全一致……

▶ 你們是有註冊的投資顧問，還是證券經紀商？

▶ 除了我直接支付的費用，你們還會收到什麼報酬（例如來自保險產品的佣金、銷售公司持有的股票或債券的獎勵金，出售債券的利差）？

▶ 能否展示說明貴公司資金管理的能力？我能不能看看：

◆ 貴公司的客戶帳戶，是否符合 GIPS（會計標準）的要求？

◆ 策略市場決策的公開過往績效？

◆ 上一個熊市你們的決策如何發揮作用，並讓你們重新振作？

---

⑥ 大／小型股是根據市值，價值股是指專注於尋找價值高於價格的選股策略，成長股通常指是尋找連續多年營收或獲利都會成長 15%以上的個股。

> ▶ 貴公司的組織架構長什麼樣？客服代表的人數是否為銷售人員的 2 倍？
> ▶ 你提供什麼資源來做客戶教育？

抱緊股票，除非……

　　股市有時會跌很多，但多數年分都是上漲的。從 2003 年起的多頭市場，許多人都認為股市表現很糟，以及他們績效有多差。可是股市年年漲：在 2003、2004、2005、2006 和 2007 年都是。從 2009 年的牛市開始，我們也看見類似的情況，讓該年成了史上最被嫌棄的一年。擷取任何 5 年的範圍來看，股市也都是上漲的。1990 年代的牛市漲了將近 10 年，1980 年代也是。2009 年開始的牛市才 8 年。在這整段時間，你應把錢投入股市，而且未來也應如此。

　　相信我，留在股市裡，要做到比聽起來更困難。當股市開始顛簸，你絕對會想抽身離開。千萬別這麼做，除非你真的、真的、真的非常篤定股市在接下來相當長一段時間會大跌。也別在已經大跌之後這麼做。問你自己，對於市場擇時（market timing[7]），有什麼是你知道而其他人都不知道的呢？我猜沒有。再說一次，如果你知道，你應該從事理財業（見第 7 章）。

---

[7] 指選擇進出場的時機。

你如何知道股市將進入空頭市場？這是很難判斷的事。當所有人都認為空頭將屆時，結果肯定不是這樣。專家在預測熊市方面表現很糟。媒體更糟。所以，如果人們普遍看壞時機，要知道你應該持有股票。再一次建議，如果你想深入了解空頭市場，請去讀我 2007 年出版的《投資最重要的 3 個問題》。如果你連這都不做，就不該自己進行研判。

撐過熊市

即便你在熊市時滿手股票，那也不成問題。股市長期優越的成功率**包括**熊市。你不必錯過每一次熊市。真正的被動投資人無論時機好壞，都會嚴守投資紀律！而且他們壓倒性地擊敗嘗試市場擇時的投資人。要市場擇時，你真的必須很清楚你在做什麼，很少人能做到。這真的很困難。

提醒你：修正跟空頭是不同的。修正只是短暫的劇烈震盪——驟然大跌，用來把你嚇得屁滾尿流。一年可能發生一或兩次，別被騙了。持續投資，幾個月內修正就會結束。真正的熊市來得既緩慢又平靜。人們在高點過後依然樂觀，任何悲觀的人都被視為瘋子。股市逐月下跌一點點，但是沒有什麼戲劇性的事件發生。同時，基本面垮了，卻很少有人注意到。熊市並不會猛然拉開序幕，就連 1929 年都不是這樣（此一主題的探討，可以參見我 1987 年的《華爾街之舞》，這本書在 2007 年出版了修訂版）。

▌債券風險高於股票 ── 我說真的

可是等等！股市不是會暴跌嗎？放棄部分報酬率，換來晚上睡好一點，不是比較好嗎？不。記住，這本書是「通往財富的 10 條路」，不是「通往財富的 9 條路，加上讓你整夜好眠的 1 條路」。長期而言，股票風險並不大。短期來看，它們的價格波動會令人心裡七上八下。不要理會你心裡那位想要躲開一切可怕事物的山頂洞人。投資人之所以無法獲得長期報酬率，是因為他們無法打從骨子裡理解這件事：**股票的近期表現不重要**──根本就不重要！致富之路是一條長遠的路。下列圖表顯示選擇美股與美債，20 年期的報酬率結果對比。從 1926 年以來，已經有 72 個連續 20 年期（twenty-year rolling periods）了，其中有 70 個股市績效贏過債市──848%對上 246%！20 年期債券的績效首度打敗股市，是 1929 年 1 月 1 日至 1948 年 12 月 31 日，當時有經濟大蕭條（the Great Depression）和第二次世界大戰，但是債券報酬率幾乎是跟股市打平──1.4 比 1。第二次是 1989 年 1 月 1 日至 2008 年 12 月 31 日，遇上科技股泡沫和全球金融危機，同樣地，債市和股市績效幾乎平手──1.1 比 1。而且這兩個 20 年期，股市整體還是上漲的。所以長期而言，持有債券划不來。

選股票跟選債券的比較

股市 97%績效都優於債券，或者說 1926 年以來 72 次的 20 年期報酬率，有 70 次績效都比債券好。

	股優於債的 20 年期平均總報酬率
美國股市	848%
美國債市	246%

股市跟債市的績效比，是 3.4 比 1 的比率。

有兩次的 20 年期報酬率，債市績效勝過股市──1929 年 1 月 1 日至 1948 年 12 月 31 日，以及 1989 年 1 月 1 日至 2008 年 12 月 31 日──但是贏得不多。

	當債市績效勝過股市時，20 年期平均總報酬率
美國股市	239%
美國債市	262%

債市跟股市的績效比，是 1.1 比 1 的比率。

資料來源：全球金融數據公司（Global Financial Data, Inc.），以及金融數據軟體公司 FactSet，2017/12/1。

還是不要相信股票比較好嗎？大部分人認為債券比較安全。確實是這樣沒錯，如果你考量的是短期風險。事實是：給股票多一點時間，則股票不但報酬率更高，也更穩定。圖 10.5 顯示債券經通膨與稅務調整的 3 年追蹤報酬率（trailing returns[8]），請跟圖 10.6 的股票報酬率比較。

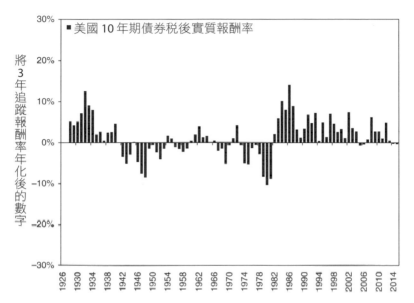

圖 10.5 美國 10 年期債券稅後實質報酬率，1926-2016

資料來源：全球金融數據公司以及 FactSet，2017/1/31。

---

⑧ 用來追蹤過去特定時期績效表現的基金術語，例如 1 年、3 年、5 年
　或基金成立至今的報酬率，也就是追蹤特定時段頭尾的報酬率，再
　將之年化，所以也稱為「點對點報酬率」。

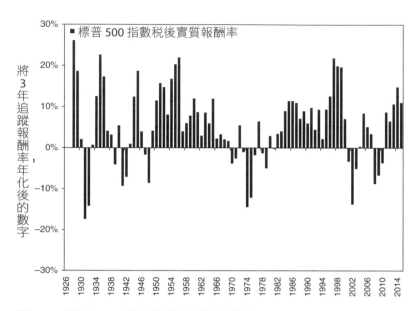

圖 10.6 標普 500 指數稅後實質報酬率，1926-2016
資料來源：全球金融數據公司以及 FactSet，2017/1/31。

　　如果多給一點時間，股市負報酬率的時期會比債券更少。**就連公認最安全的美國國庫券（US Treasuries），也曾經多次、連續出現負報酬率。**而且超過 10% 的 3 年報酬率非常罕見。是的，股市在負報酬率的時期跌幅更大，但是這能讓漲幅更大、更加連續的正報酬時期抵銷。如果你的投資年期更長，股票的風險比較小。

　　也許你是眾多認為「現在一切都變了」、世界越來越糟糕、資本主義太可惡了，而且股市早就完蛋的人之一。本書第

1 版剛上市時，上述觀點還算是一種極端看法；但是在金融危機之後，它變成普羅觀點。沒有制度是無懈可擊的，但是資本主義將我們從賴以生存的農業經濟，帶到了如今高科技的太空時代榮景。它依然行得通。摩爾定律（Moore's law）還沒期滿[9]。你的智慧型手機跟 1980 年代全世界最厲害的電腦相比能做更多事情，更何況無人機已經開始在澳洲快遞披薩。有了新科技，伴隨著無限的商機，有創意的使用者將創新技術，應用在你生活中離不開的某些產品或服務。這一切都會成為未來的收益，和股價的燃料。

　　有些人無論如何就是無法百分之百持有股票。如果你是這樣的人，那也沒關係！只要記得，在計算每年要存多少錢時，把預期報酬率拉低。如果不利用股市較高報酬率的複利神奇力量，這條致富之路會走得比較辛苦，也比較緩慢。你還是可以致富，只是會花更長的時間。根據我們先前的舉例，假設要在 30 年裡存到 600 萬美元，如果股票是一年 7% 的平均報酬率，這表示你得找更高薪的工作，因為一年得存下 63,500 美元。如果你辦得到，那恭喜你！如果無法，那可能得晚一點退休、

---

⑨ 編註：由英特爾創辦人之一高登·摩爾（Gordon Moove）提出，他說積體電路上可容納的電晶體數目，約每隔 2 年便會增加一倍，後來又有人將此定律改成 18 個月翻倍。本書英文版是 2017 年出版，有論者認為該定律效期將在 2020 年終結。不過包括台積電、英特爾、超微等大科技廠，仍認為摩爾定律依然有效。

早一點開始存（用 7%報酬率存到 600 萬美元，若時間拉長成
40 年，一年只需存 3 萬美元），或是早一點進棺材。由你決
定。

股票、股票和更多股票……

我沒花時間告訴你如何挑選優質個股，首先是因為沒人能
用一章的篇幅就教會你怎麼做。要知道如何選股，請讀我的第
1 和第 4 本書（《超級強勢股》〔Super Stocks〕和《投資最重要
的 3 個問題》）。其次，決定要持有股票、債券還是現金，以
及各占多少百分比，將**決定你資產組合的大部分報酬率**。選股
即使選得對，依然不會讓你的報酬率提高太多。我的公司是靠
這個賺錢的。相信我。

▎仿效華爾街女巫？

這條最多人走的致富之路，卻很少有名人可以仿效。不過
有一位知名演員是我最愛舉的例子：是海蒂・格林（Hetty
Green），她過得實在太省了！海蒂不太碰股票，她鮮少追求高
報酬──目標定在 6%（當時所得稅還不存在），大部分都透
過債券。她只在股市恐慌的最高點，才會趁便宜買進股票。她
個性冷靜又沉著，令人沮喪到憂懼啜泣的股市危機，她卻樂觀
以對。

1916 年她過世時，資產為 1 億美元。[4] 她存下每一分錢。海蒂不需要更高的報酬率。她的吝嗇是出了名的，她從不花錢買衣服，身上永遠都是同一件黑色洋裝。為了妥善保管，她把證券縫在洋裝和披巾上（在線上交易出現之前！），順便用來保暖。她請兒子把她看過的報紙再轉售。她住的公寓沒有熱水、沒有暖氣。她什麼都買得起，卻總是吃燕麥粥和全麥餅乾。當她兒子年幼滑雪橇時摔斷了腿，她不願意為了讓他看醫生而花錢。她排隊等義診，用自製的溼敷藥。藥沒效，兒子的父親（她拋棄他了，因為他不善理財）介入了，花錢讓生壞疽的腿截肢。因為她連花這筆錢都不願意。

在那個年代，累積超過 1 億美元身家的婦女非常少——聽都沒聽過。她的財務實力和破舊的穿著，為她贏得「華爾街女巫」的綽號。

所以在這條致富路上，你不一定需要股票的優越報酬率。但我猜你不會讓你的孩子搞到腿需要截肢。你可以像海蒂一樣節儉，或是你能克服恐懼，投資更多股票。否則你得計算一下，在預期報酬率較低的情況下，你需存多少錢。

▋ 為有錢而讀

談存錢跟投資的書有好幾千本，大部分寫得不怎麼樣，因為同樣的建議一再出現。如果這種建議一開始就有效，你就不會需要無數次地反芻相同的老建議，只要一本就夠了。但別氣餒，你可以讀我前面推薦過的書，或者以下作品的其中一本。

▶ 《改變一生的超級禮物》（*The Ultimate Gift*），吉姆・史都瓦（Jim Stovall）著。我送我每個兒子一本。本書不光是告訴你如何思考金錢，還包括如何成為一個更好的人。

▶ 《原來有錢人都這麼做》，湯瑪斯・史丹利（Thomas J. Stanley）和威廉・丹柯（William D. Danko）合著。這本書不會告訴你如何存錢或投資，但是剛上市時讓許多人大開眼界。書中說的是真的：大多數百萬富翁都是不起眼的。

▶ 如果你搞不清楚股票跟債券、牛隻期貨差在哪裡，去讀艾瑞克・泰森寫的《傻瓜學投資》（*Investing for Dummies*）。你會學會如何開證券戶、運用券商，以及開始買股票。

▶ 《投資最重要的 3 個問題》，作者正是在下。事實上大部分的投資書都對你的健康有害。它們告訴你「只要買這些股票就好，其他的可以不理」或是暗示有某種神奇的公式。胡說八道。你無法靠除了你之外，還有 100 萬人都讀過的某些招數打敗大盤。要打敗大盤，你必須知道別人不知道的事。這太難了！我的書會向你展示，如何光靠你的大腦和一些統計方法，就能搞清楚別人不知道的事。在這方面，可以參考我其他股市書的任何一本：《超級強勢股》《華爾街之舞》《擊敗群眾的逆向思維》或是《榮光與原罪：影響美國金融市場的 100》（裡面有海蒂·格林的生命描述）。

 存錢與投資致富指南

這是最多人走過的路。做對了，能產生相當穩定的成果。不，你不會成為超級富豪——除非你吝嗇到出名，吃燕麥粥度日。但照著以下步驟做，你可以輕易擁有幾百萬美元和愉快的退休生活：

1. **找份待遇優渥的好工作**。有一份高薪工作，或是最終會高薪的工作，你能存更多錢、存得更輕鬆。做你所愛，但最好是你的所愛，薪資剛好在平均水準之上。
2. **算出你想要／需要多少錢**。不要沒有目標地存錢。想一想你想要過怎樣的生活。別忘了為通膨調整數字。
3. **算出你每個月需要存下多少**。根據你的目標，算出你必須存多少。你不必每月或每年都存相同數字，特別是如果你還年輕。你可以建立一個計畫，隨著時間提高要存的數字。但是記住，越早開始存的錢，之後價值越高。現在就開始。
4. **現在，開始存錢**。怎麼存？你可以節儉一點、賺更多一些。不管你做什麼，跟上你的存錢計畫就對了。大多數的書鼓吹節儉，但有些人就是做不到。如果你也是這樣，就設法讓自己加薪。

5. **讓你的錢工作**。在這條路徑上，你必須持有股票，而且長期持有。股票有比較好的長期報酬率。如果你正走在這條路上，你的投資年期必然很長。如果你就是無法忍受股價波動，就據此制訂計畫：降低預期報酬率、存更多錢。只要你好好規畫並堅守紀律執行，縱使你持有較少的股票，還是能變有錢。

致謝

　　本書的概念起源於出版經紀人傑夫・赫曼（Jeff Herman）、我和大衛・普弗（David Pugh）之間的對談，後者是我 2006 年《紐約時報》暢銷書《投資最重要的 3 個問題》的編輯。在那本書出版前，赫曼要我寫一本書泛談理財，──一本五花八門、無所不包的書。我已經很久很久沒寫書了，也不是很想接那個案子，最後演變成《投資最重要的 3 個問題》，這本書的題目比較集中，談的是資本市場，但是我有自信可以提供獨特的洞見。儘管如此，赫曼還是要我再寫一本理財書，普弗也鼓勵我（對他來說題目更廣，可能會更暢銷）。但說真的，直到我們開始討論聚焦於為每一個人提供成為超級富豪的路徑圖，我才明白我想做的事──也知道我能做。為此，我感謝他們倆對我的耐心。

　　於是我回去找跟我一起合著《投資最重要的 3 個問題》的菈菈・霍夫曼斯。她開始進行研究，根據我對每一章所設想的目標擬出草稿。她的付出讓我得以自由地做我每天該做的事，專注在公司的日常工作上。所以，我在夜間和周末寫作，霍夫曼斯和她的團隊會接手整理與修訂錯誤，然後我再改寫，直到每一章都修改了 5 到 7 回合之多。

對所有參與者來說，第 2 版要費的工夫少多了，但還是得花許多時間精力，對出版社編輯圖拉・維絲（Tula Weis）來說尤其如此，她同時也是《擊敗群眾的逆向思維》（*Beat the Crowd*）的編輯。而跟我一同撰寫《擊敗群眾的逆向思維》的伊莉莎白・迪琳格，也暫先擱置在公司原本從事的工作項目，投入大部分心力於這項專案。迪琳格和霍夫曼斯一樣，扛起主要重擔，讓我得以專注於我的日常工作，她負責研究世界最富有的一群人的動向，提煉成有益又有趣的新內容。協助她的，是我公司研究團隊中的尹永羅（Young Ro Yoon）、傑瑟斯・托瑞斯（Jesus Torres）、史凱・沃特斯（Sky Waters）、萊恩・基伊（Ryan Key）、艾薩克・麥金里（Isaac McKinley）和安德魯・拉澤里（Andrew Lazzeri）。塔德・布里曼（Todd Bliman）負責管理公司的內容團隊和 www.MarketMinder.com 網站，並提供內容與寫作的寶貴意見，讓迪琳格得以儘管工作加倍，但是偶爾還是能安享一夜好眠。也感謝內容團隊的撰稿人克里斯・王（Chris Wong）、傑米・席瓦（Jamie Silva）和劉肯恩（Ken Liu）在迪琳格為本書忙碌時，承擔了額外工作。

迪琳格、霍夫曼斯等人為本書付出龐大心力，但這本書從概念發想到最後定稿，都是由我負責，包括任何疏漏或錯誤。如果你在書裡發現錯誤，那是我的錯，不是別人的。沒有他們，我絕對沒有耐心或時間開始著手或完成這本書，再次謝謝他們。

　　雖說這是一本談「人」的書，但沒有大量數據資料大力幫忙，就不可能辦得到。如果漏了感謝全球金融數據公司（Global Financial Data Inc.）和金融數據軟體公司 FactSet 將是我的疏失。我某些看似匪夷所思的主張，只能在量化的脈絡下陳述，而唯有這些公司允許我使用他們優質的數據，才能完成。

　　出於顯而易見的理由，非常倚重《富比士》全美 400 大富豪榜（Forbes 400 List of Richest Americans）及其前身、可追溯至 1982 年的富豪榜（Richest List），以及時間更近的《富比士》年度「全球富豪榜」（Global Billionaires list）。幹嘛不用呢？畢竟這些榜單是衡量美國與世界超級富豪的黃金標準，沒有這些富豪榜，就沒有以指標為基礎的根據，用以顯示這些人如何變得那麼富有。《富比士》400 大富豪榜本來是邁爾康・富比士（Malcolm Forbes）一時的起心動念，現已演變成世人普遍接受的財富量化標準。這是《富比士》這家出版公司，對世界的又一重大貢獻。

　　我必須謝謝傑夫・席克，我公司的副董事長，他已經做我的左右手超過 30 年了，我在第 3 章對他著墨很多，當作左右手的角色典範。席克讀過本書的一些部分，給了我許多寶貴意見，讓這本書變得更好，一如他所經手的一切。

　　葛洛佛・維克山是我的老友與合夥人、證券律師、投資顧問，曾任美國證券交易委員會（SEC）官員，他讀了第 1 版的大部分內容，邊讀邊給了大量很詳細的修改建議，最終本書應該是接納了他 75% 的建議。他對本書的貢獻簡直太巨大。他在飛機上修改初稿，歷經兩大洲、三個國家，半夜傳真資料給我，在我不接受他的修改建議時跟我爭辯。有維克山這樣的朋友，我根本不必害怕任何敵人。我只希望他的筆跡更好辨識，因為我確實讀了很多。事實上，我在第 1 跟第 9 章簡短提過維克山。要是我多提一點他，這本書會更好。

說到律師，弗列德・哈林讀了整本書找尋是否涉嫌誹謗的文字，以確保我不會被起訴。我應該還是會因為我講過的話被告吧，但起碼我有信心在法庭上會贏。為了確保萬無一失，聖地牙哥厲害的原告律師史考特・梅茨格（Scott Metzger）為找出是否有誹謗文字讀了第 6 章，我很感激哈林和梅茨格，給了我雙重安心。

喔，還有我的朋友們。我在書裡已經寫了很多他們的事。當你這麼做的時候，是冒險以他們不喜歡的方式描寫他們，而且搞不好會失去朋友。書中有幾十位，太多了無法一一列出，所以我想在此一併致謝，希望他們讀了這本書後依然是我的朋友。

最後，再一次，一如過往經常發生的，這本書變成我冷落配偶的藉口。我結褵 46 年的妻子在過去幾十年來，當我必須暫時與世隔絕、全神貫注於趕快把書寫出來時，已經變得非常擅長讓我放飛。我為了本書而欠她的夜晚與周末時光，絕對還不完。能寫完這本書，是出於愛的勞動，而大部分要歸功於我的太太。被愛是美好的。

　　如今我已來到遲暮之年，經歷的往事遠多於剩下的餘年。回顧人生我覺得滿足，相信未來也是如此。寫一本這樣的書，說實話是背離我的日常工作，但也很有趣，比任何人能做的消遣，或任何我所能想像的消遣都更有趣。因此，我也要謝謝你，我的讀者。沒有你們，我的出版社是無法讓我沉浸於這樣的樂趣中。謝謝大家。

註釋

前言

1. Real Clear Politics, "2016 Democratic Popular Vote," *Real Clear Politics* (2016), http://www.realclearpolitics.com/epolls/2016/president/democratic_vote_count.html (accessed September 19, 2016).

2. US Census Bureau, Real median household income, 1999–2015.

3. 同注釋 2。

4. Raj Chetty, Nathaniel Hendren, Patrick Kline, Emmanuel Saez, and Nicholas Turner, "Is the United States Still a Land of Opportunity? Recent Trends in Intergenerational Mobility," National Bureau of Economic Research Working Paper Series (January 2014), http://www.equality-ofopportunity.org/images/mobility_trends.pdf (accessed September 19, 2016).

5. "The Forbes 400 Real-Time Rankings," *Forbes*, http://www.forbes.com/forbes-400/list/#version:realtime (accessed September 19, 2016).

6. "Madonna Profile," *Forbes* (September 2016), http://www.forbes.com/profile/madonna/ (accessed September 20, 2016).

第 1 章

1. "The Forbes 400 2016," *Forbes*, http://www.forbes.com/forbes-400/list/#version:static (accessed October 6, 2016).

2. 同注釋 1。

3. 同注釋 1。

4. Small Business Association, "Frequently Asked Questions" (August 2007), http://www.sba.gov/advo/stats/sbfaq.pdf (accessed April 21, 2008).

5. Bureau of Economic Analysis.

6. "The Forbes 400 2016."

7. George Raine, "LeapFrog Founder Steps Down," *San Francisco Chronicle* (September 2, 2004), http://www.sfgate.com/cgi-bin/article.cgi?file=/chronicle/archive/2004/09/02/BUG8M8I4K41.DTL&type=business (accessed April 21, 2008).

8. "The Forbes 400 2016."

9. 同注釋 8。

10. FactSet, as of August 3, 2016.

11. "The Forbes 400 2016."

12. 同注釋 11。

13. Samantha Critchell, "Resorts Recruit Top Designers to Outfit Ski Patrol," *USA Today* (December 20, 2006), http://www.usatoday.com/travel/destinations/ski/2006-11-28-ski-fashion_x.htm (accessed April 20, 2008).

14. Gwendolyn Bounds, Kelly K. Spors, and Raymund Flandez, "Psst! The Secrets of Serial Success," *Yahoo! Finance* (August 28, 2007), http://finance.yahoo.com/career-work/article/103425/Psst!-The-Secrets-Of-Serial-Success (accessed April 30, 2008).

15. "Franchising: New Power for 500,000 Small Businessmen," *Time* (April 18, 1969), http://www.time.com/time/magazine/article/0,9171,844780-1,00.html (accessed April 30, 2008).

16. H. Salt Fish & Chips locations found at http://www.hsalt.com/locations_01.htm.

17. Robert Klara, "Did Starbucks Buy (and Close) La Boulange Just to Get Its Recipes?," *Adweek* (June 22, 2015), http://www.adweek.com/news/advertisingbranding/did-starbucks-buy-and-close-la-boulange-just-get-its-recipes-165468 (accessed August 3, 2016).

18. Chris Isidore, "The Melancholy Billionaire: Minecraft Creator Unhappy with His Sudden Wealth," *CNNMoney* (August 31, 2015), http://money.cnn.com/2015/08/31/technology/minecraft-creator-tweets/ (accessed August 3, 2016).

19. Phil Haslett, "Travis Owns ~10% of Uber's Stock, Worth $7.1 Billion," *Quora* (July 20, 2016), https://www.quora.com/Uber-company-Howmuch-equity-of-Uber-does-Travis-Kalanick-still-own (accessed August 3, 2016).

20. "The Forbes 400 2016."

21. "America's Largest Private Companies, 2016 Ranking—#2 Koch Industries," *Forbes* (July 20, 2016), http://www.forbes.com/companies/koch-industries/ (accessed August 3, 2016).

22. Daniel Fisher, "Mr. Big," *Forbes* (March 13, 2006), http://www.forbes.com/global/2006/0313/024.html (accessed April 30, 2008).

23. "The Forbes 400 2016."

24. Fisher, "Mr. Big."

25. 通膨計算請見 http://data.bls.gov/cgi-bin/cpicalc.pl.

26. Jackie Krentzman, "The Force Behind the Nike Empire," *Stanford Magazine* (January 1997), http://www.stanfordalumni.org/news/magazine/1997/janfeb/articles/knight.html (accessed April 30, 2008).

27. 同注釋 26。

28. Benjamin Powell, "In Defense of 'Sweatshops,'" *Library of Economics and Liberty* (June 2, 2008), http://www.econlib.org/library/Columns/y2008/Powellsweatshops.html (accessed June 3, 2008).

第 2 章

1. "Equilar/Associated Press S&P 500 CEO Pay Study 2016," *Equilar* (May 25, 2016), http://www.equilar.com/reports/37-associated-press-pay-study-2016.html (accessed September 6, 2016).

2. Matthew Miller, "The Forbes 400," *Forbes* (September 20, 2007), http://www.forbes.com/2007/09/19/richest-americans-forbes-lists-richlist07-cx_mm_0920rich_land.html (accessed April 22, 2008).

3. Greg Roumeliotis, "Greenberg Channels Buffett in Post-AIG Comeback," Reuters (February 19, 2014), http://www.reuters.com/article/us-greenbergstarr-idUSBREA1I24B20140219 (accessed September 6, 2016).

4. "The Forbes 400 2016," *Forbes*, http://www.forbes.com/forbes-400/list/#version:static (accessed October 6, 2016).

5. 同注釋 4。

6. Clive Horwood, "How Stan O'Neal Went from the Production Line to the Front Line of Investment Banking," *Euromoney* (July 2006), http://www.euromoney.com/article.asp?ArticleID=1042086 (accessed April 22, 2008).

7. Reuters, "Business Briefs," New York Times (March 11, 2006), http://query.nytimes.com/gst/fullpage.html?res=9902EED91331F932A25750C0A9609C8B63 (accessed April 22, 2008).

8. David Goldman, "Marissa Mayer's Payday: 4 Years, $219 Million," *CNNMoney* (July 25, 2016), http://money.cnn.com/2016/07/25/technology/marissa-mayer-pay/ (accessed September 6, 2016).

9. 鴨子品牌故事請見 http://www.duckproducts.com/about/.

10. Nancy Moran and Rodney Yap, "O'Neal Ranks No. 5 on Payout List, Group Says," *Bloomberg* (November 2, 2007), http://www.bloomberg.com/apps/news?pid=20601109&sid=aPxzn5U8zNBo&refer=home (accessed April 22, 2008).

11. "Oil: Exxon Chairman's $400 Million Parachute, Exxon Made Record Profits in 2005," ABCNews (April 14, 2006), http://abcnews.go.com/GMA/story?id=1841989 (accessed April 22, 2008).

12. FactSet. 埃克森美孚（XOM）的報酬率，從 1993 年 12 月 31 日至 2005 年 12 月 31 日。

13. 同注釋 12。

14. 埃克森美孚聘雇數據，見 http://www.exxonmobil.com/corporate/about_who_workforce_data.aspx (accessed April 22, 2008).

15. Roumeliotis, "Greenberg Channels Buffett in Post-AIG Comeback."

16. "The Not-So-Retired Jack Welch," *New York Times* (November 2, 2006), http://dealbook.blogs.nytimes.com/2006/11/02/the-not-so-retired-jackwelch/(accessed April 22, 2008).

17. John A. Byrne, "How Jack Welch Runs GE," *BusinessWeek* (updated May

28, 1998), http://www.businessweek.com/1998/23/b3581001.htm (accessed April 22, 2008).

18. FactSet, December 31, 1980, through December 31, 2001.

19. Associated Press, "Fox News Hires Carly Fiorina, Ex-Chief of HP," *International Herald Tribune* (October 10, 2007), http://www.iht.com/articles/2007/10/10/business/fox.php (accessed May 20, 2008).

第 3 章

1. "The World's Billionaires," *Forbes*, http://www.forbes.com/billionaires/#/version:realtime (accessed September 6, 2016).

2. "The Forbes 400 2016," *Forbes*, http://www.forbes.com/forbes-400/list/#version:static (accessed October 6, 2016).

3. Securities and Exchange Commission, Schedule 14A Information for Facebook, Inc. (May 2016), https://www.sec.gov/Archives/edgar/data/1326801/000132680116000053/facebook2016prelimproxysta.htm (accessed September 6, 2016).

4. "The Chernin File: His Salary, Severance Package and Movie Deal," *Gigaom* (February 23, 2009), https://gigaom.com/2009/02/23/419-cherninfile-his-severance-package-and-salary/ (accessed September 6, 2016).

5. News Corp, "The Best and Worst Managers of 2003: Peter Chernin," *BusinessWeek* (January 12, 2004), http://www.businessweek.com/magazine/content/04_02/b3865717.htm (accessed May 20, 2008).

6. David Weidner, "Pottruck Ousted from Schwab," *MarketWatch* (July 20, 2004), http://www.marketwatch.com/News/Story/Story.aspx?guid=%7B8F3F0844-2338-44F0-9209-9861036087D4%7D&siteid=mktw (accessed July 22, 2008).

7. Securities and Exchange Commission, Schedule 14A Information for Tesla Motors, Inc. (May 31, 2016), https://www.sec.gov/Archives/edgar/data/1318605/000119312516543341/d133980ddef14a.htm (accessed September 6, 2016).

8. J. P. Donlon, "Heavy Metal—Interview with Caterpillar CEO Donald Fites," *Chief Executive* (September 1995), http://fi ndarticles.com/p/articles/mi_m4070/is_n106/ai_17536753 (accessed May 20, 2008).

9. "3M 2016 Notice of Annual Meeting & Proxy Statement" (March 23, 2016), https://www.sec.gov/Archives/edgar/data/66740/000120677416005067/threem_def14a.pdf (accessed September 6, 2016).

10. "Quest Diagnostics Notice of 2016 Annual Meeting and Proxy Statement" (April 8, 2016), http://www.google.com/url?sa=t&rct=j&q=&esrc=s&sourc e=web&cd=6&cad=rja&uact=8&ved=0ahUKEwjhx4CC-fvOAhVX-2MKH SOUDoMQFghHMAU&url=http%3A%2F%2Fphx.corporate-ir. net%2FExternal.File%3Fitem%3DUGFyZW50SUQ9MzMzMTMwfENo aWxkSUQ9LTF8VHlwZT0z%26t%3D1%26cb%3D6359669490846096 32&usg=AFQjCNHpzHkykLBbVp6tsBz9pTP3q6jKxQ&bvm=bv.131783 435,d.cGc (accessed September 6, 2016).

11. " Charles Munger Profile," *Forbes*, http://www.forbes.com/Profile/charlesmunger/ (accessed September 6, 2016).

第 4 章

1. "The Forbes 400 2016," *Forbes*, http://www.forbes.com/forbes-400/list/#version:static (accessed October 6, 2016).

2. Lauren Gensler, "Martha Stewart Is Selling Her Empire for $353 Million," *Forbes* (June 22, 2015), http://www.forbes.com/sites/laurengensler/2015/06/22/martha-stewart-living-omnimedia-sequential/#1dce89c848f5 (accessed September 7, 2016).

3. "Mary-Kate and Ashley Olsen Net Worth," *Richest*, http://www.therichest.com/celebnetworth/celeb/actress/mary-kate-and-ashley-olsen-net-worth/ (accessed September 7, 2016).

4. "The Forbes 400 2016."

5. "Cuban Slammed with $25,000 Fine," ABCNews (June 20, 2006), http://abcnews.go.com/Sports/story?id=2098577&page=1 (accessed April 11, 2008).

6. 相 關 報 導："Mavs Owner Serves Smiles and Ice Cream," *Daily Texan* (January 17, 2002), http://media.www.dailytexanonline.com/media/storage/paper410/news/2002/01/17/Sports/Mavs-Owner.Serves.Smiles.And.Ice.Cream-505789.shtml?norewrite200608240019&sourcedomain=www.dailytexanonline.com (accessed April 11, 2008).

7. Cathy Booth Thomas, "A Bigger Screen for Mark Cuban," *Time* (April 14, 2002), http://www.time.com/time/magazine/article/0,9171,230372-1,00.html (accessed April 11, 2008).

8. Mike Morrison and Christine Frantz, *InfoPlease*, "Tiger Woods Timeline," http://www.infoplease.com/spot/tigertime1.html (accessed April 11, 2008).

9. 相 關 報 導："Madonna Announces Huge Live Nation Deal," MSNBC (October 16, 2007), http://www.msnbc.msn.com/id/21324512/ (accessed June 9, 2008); Jeff Jeeds, "In Rapper's Deal, a New Model for Music Business," New York Times (April 3, 2008), http://www.nytimes.com/2008/04/03/arts/music/03jayz.html (accessed June 9, 2009).

10. U.S. Department of Labor, Bureau of Labor Statistics, "Actors" (December 17, 2015), http://www.bls.gov/ooh/entertainment-and-sports/actors.htm#tab-1 (accessed September 7, 2016).

11. "Dell Dude Now Tequila Dude at Tortilla Flats," *New York Magazine* (November 7, 2007), http://nymag.com/daily/food/2007/11/dell_dude_now_tequila_dude_at.html (accessed April 11, 2008).

12. Nicole Bracken, "Estimated Probability of Competing in Athletics Beyond the High School Interscholastic Level," National Collegiate Athletic Association (February 16, 2007), http://www.ncaa.org/research/prob_of_competing/probability_of_competing2.html (accessed April 11, 2008).

13. Major League Baseball Players Association, "MLBPA Frequently Asked Questions," http://mlb.mlb.com/pa/info/faq.jsp (accessed September 7, 2016).

14. Bracken, "Estimated Probability of Competing in Athletics Beyond the High School Interscholastic Level."

15. "The Celebrity 100, 2016," *Forbes*, http://www.forbes.com/celebrities/list/#tab:overall (accessed September 7, 2016).

16. Zack O'Malley Greenburg, "Madonna's Net Worth: $560 Million in 2016," Forbes (June 2, 2016), http://www.forbes.com/sites/zackomalleygreenburg/2016/06/02/madonnas-net-worth-560-million-in-2016/#73e7a9f6209a (accessed September 7, 2016).

17. "The Celebrity 100, 2016."

18. Jon Saraceno, "Tyson: 'My Whole Life Has Been a Waste,'" *USA Today* (June 2, 2005), http://www.usatoday.com/sports/boxing/2005-06-02-tysonsaraceno_x.htm (accessed April 14, 2008).

19. 「演員蓋瑞‧高曼在與父母和前顧問的官司中勝訴，獲判 130 萬美元 」, *Jet* (March 15, 1993), http://findarticles.com/p/articles/mi_m1355/is_n20_v83/ai_13560059/pg_1 (accessed April 14, 2008).

20. Amy Fleitas and Paul Bannister, "Big Names, Big Debt: Stars with Money Woes," *Bankrate.com* (January 30, 2004), http://www.bankrate.com/brm/news/debt/debt_manage_2004/big-names-big-debt.asp (accessed July 22,2008).

21. Hugh McIntyre, "The Highest-Grossing Tours of 2015," *Forbes*, http://www.forbes.com/sites/hughmcintyre/2016/01/12/these-were-the-highestgrossing-tours-of-2015/#27420c75e0e5 (accessed September 7, 2016).

22. "The Forbes 400 2016."

23. "The Mad Man of Wall Street," *BusinessWeek* (October 31, 2005), http://www.businessweek.com/magazine/content/05_44/b3957001.htm (accessed April 11, 2008).

24. James J. Cramer, *Confessions of a Street Addict* (New York: Simon & Schuster, 2006).

25. New York City Department of Transportation, "Ferries and Buses," http://www.nyc.gov/html/dot/html/ferrybus/statfery.shtml (accessed April 14, 2008).

26. Advance Publications Corporate Timeline found at http://cjrarchives.org/tools/owners/advance-timeline.asp.

27. Geraldine Fabrikant, "Si Newhouse Tests His Magazine Magic," *New York Times* (September 25, 1988), http://query.nytimes.com/gst/fullpage.html?res=940DE0DE1439F936A1575AC0A96E948260 (accessed June 11, 2008).

28. "The Forbes 400 2016."

29. Zack O'Malley Greenburg, "The Forbes Five: Hip-Hop's Wealthiest Artists 2016," *Forbes* (May 3, 2016), http://www.forbes.com/sites/zackomalleygreenburg/2016/05/03/the-forbes-fi ve-hip-hops-wealthiestartists-2016/#75a0db25477f (accessed September 13, 2016).

30. "Russell Simmons Net Worth," *Richest*, http://www.therichest.com/celebnetworth/celeb/rappers/russell-simmons-net-worth/ (accessed September 13, 2016).

31. Zack O'Malley Greenburg, "Why Dr. Dre Isn't a Billionaire Yet," *Forbes* (May 5, 2015), http://www.forbes.com/sites/zackomalleygreenburg/2015/05/05/why-dr-dre-isnt-a-billionaire-yet/#463169381dec (accessed September 13, 2016).

32. Zack O'Malley Greenburg, "Dr. Dre by the Numbers: Charting a Decade of Earnings," *Forbes* (September 8, 2016), http://www.forbes.com/sites/zackomalleygreenburg/2016/09/08/dr-dre-by-the-numbers-charting-adecade-of-earnings/#57d455e47822 (accessed September 13, 2016).

33. Greenburg, "The Forbes Five."

34. Bill Johnson Jr., "Jay-Z Stabbing Results in Three Years Probation," *Yahoo! News* (December 6, 2001), http://music.yahoo.com/read/news/12050127 (accessed April 14, 2008).

35. "Jay-Z Cashes In with Rocawear Deal," *New York Times* (March 6, 2007), http://dealbook.blogs.nytimes.com/2007/03/06/jay-z-cashes-in-with-200-million-rocawear-deal/ (accessed April 14, 2008).

36. "The Celebrity 100, 2016."

37. Greenburg, "The Forbes Five."

38. Dan Charnas, "How 50 Cent Scored a Half-Billion," *Washington Post* (December 19, 2010), http://www.washingtonpost.com/wp-dyn/content/article/2010/12/17/AR2010121705271.html (accessed September 13, 2016).

39. Katy Stech, "50 Cent Nears Bankruptcy End with $23.4 Million Payout Plan," *Wall Street Journal* (May 19, 2016), http://blogs.wsj.com/bankruptcy/2016/05/19/50-cent-nears-bankruptcy-end-with-23-4-million-payout-plan/ (accessed September 13, 2016).

第 5 章

1. Robert Frank, "Marrying for Love . . . of Money," *Wall Street Journal* (December 14, 2007), http://online.wsj.com/article/SB119760031991928727.html?mod=hps_us_inside_today (accessed April 14, 2008).

2. Scott Greenberg, "Summary of the Latest Federal Income Tax Data, 2015 Update," Tax Foundation Fiscal Fact (November 2015, No. 491).

3. 同注釋 2。

4. U.S. Bureau of the Census at www.census.gov; "The Forbes 400 Real-Time Rankings," *Forbes*, http://www.forbes.com/forbes-400/list/#version:realtime (accessed September 7, 2016).

5. "The Forbes 400 2016," *Forbes*, http://www.forbes.com/forbes-400/list/#version:static (accessed October 6, 2016).

6. "Bobby Murphy Profile," *Forbes* (September 14, 2016), http://www.forbes.com/Profile/bobby-murphy/ (accessed September 14, 2016).

7. "Evan Spiegel Profile," *Forbes* (September 14, 2016), http://www.forbes.com/Profile/evan-spiegel/ (accessed September 14, 2016).

8. Jennifer Wang, "The Youngest Moneymakers on the Forbes 400: 17 Under 40," *Forbes* (September 29, 2015), http://www.forbes.com/sites/jenniferwang/2015/09/29/the-youngest-moneymakers-on-the-forbes-400-17-under-40/#3d4d3a57b3ab (accessed September 14, 2016).

9. "Julio Mario Santo Domingo, III, Profile," *Forbes* (October 6, 2016), http://www.forbes.com/profile/julio-mario-santo-domingo-iii/?list=forbes-400 (accessed September 6, 2016).

10. "The Forbes 400 2016."

11. Geoffrey Gray, "Tough Love," *New York Magazine* (March 19, 2006), http://nymag.com/relationships/features/16463/ (accessed April 14, 2008).

12. Geoffrey Gray, "The Ex-Wives Club," *New York Magazine* (March 19, 2006), http://nymag.com/relationships/features/16469/ (accessed April 14, 2008).

13. Gray, "Tough Love."

14. Gray, "The Ex-Wives Club."

15. Catherine Mayer, "The Judge's Take on Heather Mills," *Time* (March 18, 2008), http://www.time.com/time/arts/article/0,8599,1723254,00.html (accessed April 14, 2008).

16. Forbes staff, "The 10 Most Expensive Celebrity Divorces," *Forbes* (April 12, 2007), http://www.forbes.com/2007/04/12/most-expensive-divorcesbiz-cz_lg_0412celebdivorce.html (accessed April 14, 2008).

17. Davide Dukcevich, "Divorce and Dollars," *Forbes* (September 27, 2002), http://www.forbes.com/2002/09/27/0927divorce_2.html (accessed April 14, 2008).

18. CNBC.com and Roll Call, "Who Are the 10 Richest Members of Congress? ," *Christian Science Monitor* (October 25, 2012), http://www.csmonitor.com/Business/2012/1025/Who-are-the-10-richestmembers-of-Congress/Sen.-John-Kerry-D-Mass (accessed September 14, 2016).

19. Mark Feeney, "Julia Thorne, at 61; Author, Activist Was Ex-Wife of Senator Kerry," *Boston Globe* (April 28, 2006), http://www.boston.com/news/globe/obituaries/articles/2006/04/28/julia_thorne_at_61_author_activist_was_ex_wife_of_senator_kerry/ (accessed April 14, 2008).

20. Ralph Vartabedian, "Kerry's Spouse Worth $1 Billion," *San Francisco Chronicle* (June 27, 2004), http://www.sfgate.com/cgi-bin/article.cgi?fi le=/

c/a/2004/06/27/MNG4T7CTRN1.DTL (accessed April 14, 2008).

21. "The Forbes 400 2016."

22. 同注釋 21。

23. Erika Brown, "What Would Meg Do," *Forbes* (May 21, 2007), http://www.forbes.com/business/global/2007/0521/058.html (accessed May 29, 2008).

24. "How Much Is Marilyn Carlson Nelson Worth? ," *Celebrity Net Worth* (2016), http://www.celebritynetworth123.com/richest-businessmen/marilyncarlson-nelson-net-worth/ (accessed September 14, 2016).

25. S. Graham & Associates Website found at http://www.stedmangraham.com/about.html.

26. "Oprah Winfrey Reveals Why She Has Never—and Will Never— Marry Stedman," *News.com.au* (September 27, 2013), http://www.news.com.au/entertainment/celebrity-life/oprah-winfrey-reveals-why-she-has-never-8212-and-will-never-marry-stedman/story-fn907478-1226728692752 (accessed September 14, 2016).

27. "The Forbes 400 2016."

28. MSNBC staff, "Oprah Leaves Boyfriend Stedman out of Her Will," MSNBC (January 9, 2008), http://www.msnbc.msn.com/id/22578526/ (accessed June 17, 2008).

29. Charles Kelly, "Drowning of Heiress Left Many Questions, Rumors," *Arizona Republic* (May 23, 2002), http://www.azcentral.com/news/famous/articles/0523Unsolved-Buffalo23.html (accessed April 14, 2008).

第 6 章

1. Peter Elkind, "Mortal Blow to a Once-Mighty Firm," *Fortune* (March 25, 2008), http://money.cnn.com/2008/03/24/news/companies/reeling_milberg.fortune/ (accessed April 23, 2008).

2. Jeffrey MacDonald, "The Self-Made Lawyer," *Christian Science Monitor* (accessed June 3, 2003), http://www.csmonitor.com/2003/0603/p13s01-lecs.html (accessed April 23, 2008).

3. American Bar Association.

4. "2015 Salaries and Bonuses of the Top Law Firms," *LawCrossing*, http://www.lawcrossing.com/article/900045281/3rd-Year-Salaries-and-Bonusesof-the-Top-Law-Firms/ (accessed September 14, 2016).

5. U.S. Department of Labor, Bureau of Labor Statistics, "Occupational Outlook Handbook" (December 17, 2015), http://www.bls.gov/ooh/legal/lawyers.htm (accessed September 14, 2016).

6. Saira Rao, "Lawyers, Fun and Money," *New York Post* (December 31, 2006), http://www.nypost.com/seven/12312006/business/lawyers__fun__money_business_saira_rao.htm?page=1 (accessed May 19, 2008).

7. Sara Randazzo and Jacqueline Palank, "Legal Fees Cross New Mark: $1,500 an Hour," *Wall Street Journal* (February 9, 2016), http://www.wsj.com/articles/legal-fees-reach-new-pinnacle-1-500-an-hour-1454960708?cb=logged0.10928983175737395 (accessed September 14, 2016).

8. Towers Watson, "2011 Update on US Tort Cost Trends," (January 2012), https://www.towerswatson.com/en-US/Insights/IC-Types/Survey-Research-Results/2012/01/2011-Update-on-US-Tort-Cost-Trends.

9. Institute for Legal Reform, "International Comparisons of Litigation Costs," June 2013, http://www.instituteforlegalreform.com/uploads/sites/1/ILR_NERA_Study_International_Liability_Costs-update.pdf (accessed September 14, 2016).

10. Michael A. Walters and Russel L. Sutter, "A Fresh Look at the Tort System," *Emphasis* (January 2003).

11. "Joe Jamail, Jr. Profile," *Forbes* (September 14, 2016), http://www.forbes.com/Profile/joe-jamail-jr/ (accessed September 14, 2016).

12. Steve Quinn, "High Profile: Joe Jamail," *Dallas Morning News* (November 30, 2003), http://www.joejamail.net/HighProfile.htm (accessed April 23, 2008).

13. 同注釋 12。

14. Cheryl Pellerin and Susan M. Booker, "Reflections on Hexavalent

Chromium: Health Hazards of an Industrial Heavyweight," *Environmental Health Perspectives* 108 (September 2000), pp. A402–A407 w ww.ehponline. org/docs/2000/108-9/focus.pdf (accessed April 23, 2008).

15. W alter Olson, "All About Erin," *Reason Magazine* (October 2000), http://www.reason.com/news/show/27816.html (accessed April 23, 2008).

16. 同注釋 15。

17. Marc Morano, "Did 'Junk Science' Make John Edwards Rich? ," CNSNews (January 20, 2004), http://www.cnsnews.com/ViewPolitics.asp?Page=%5CP olitics%5Carchive%5C200401%5CPOL20040120a.html (accessed April 23, 2008).

18. "Parents File $150M Suit Against Naval Hospital," *News4Jax* (February 8, 2007), http://www.news4jax.com/news/10965449/detail.html (accessed April 23, 2008).

19. Jim Copland, "Primary Pass," *National Review* (January 26, 2004), http://www.nationalreview.com/comment/copland200401260836.asp (accessed April 23, 2008).

20. Robert Steyer, "The Murky History of Merck's Vioxx," *TheStreet.com* (November 18, 2004), http://www.thestreet.com/_more/stocks/biotech/10195104.html (accessed April 23, 2008).

21. 同注釋 20。

22. Peter Loftus, "Merck to Pay $830 Million to Settle Vioxx Shareholder Suit," *Wall Street Journal* (January 15, 2016), https://www.wsj.com/articles/merck-to-pay-830-million-to-settle-vioxx-shareholder-suit-1452866882 (accessed February 28, 2017).

23. Peter Lattman, "Merck Vioxx by-the-Numbers," *Wall Street Journal Law Blog* (November 9, 2007), http://blogs.wsj.com/law/2007/11/09/merck-expectedto-announce-485-billion-vioxx-settlement/ (accessed April 22, 2008).

24. American Bar Association, "Tort Law: Asbestos Litigation," http://www.abanet.org/poladv/priorities/asbestos.html (accessed March 6, 2008).

25. Patrick Moore, "Why I Left Greenpeace," *Wall Street Journal* (April 22, 2008), http://online.wsj.com/article/SB120882720657033391. html?mod=opinion_main_commentaries (accessed May 30, 2008).

26. Peter Elkind, "The Fall of America's Meanest Law Firm," *Fortune* (November 3, 2006), http://money.cnn.com/magazines/fortune/fortune_archive/2006/11/13/8393127/index.htm (accessed April 23, 2008).

27. 同注釋 26。

28. 同注釋 26。

29. Michael Parrish, "Leading Class-Action Lawyer Is Sentenced to Two Years in Kickback Scheme," *New York Times* (February 12, 2008), http://www.nytimes.com/2008/02/12/business/12legal.html (accessed April 23, 2008).

30. 同注釋 29。

31. Peter Elkind, "Mortal Blow to a Once-Mighty Firm," *Fortune* (March 25, 2008), http://money.cnn.com/2008/03/24/news/companies/reeling_milberg.fortune/ (accessed April 23, 2008).

32. Jonathan D. Glater, "Milberg to Settle Class-Action Case for $75 Million," *International Herald Tribune*, June 18, 2008, http://www.iht.com/articles/2008/06/17/business/17legal.php (accessed June 17, 2008).

33. Editorial Staff, "The Firm," *Wall Street Journal*, June 18, 2008, http://online.wsj.com/article/SB121374898947282801.html?mod=opinion_main_review_and_outlooks (accessed June 19, 2008).

34. 辯護律師核心集團，請見：http://www.innercircle.org/.

第 7 章

1. 表 7.1 版權為晨星公司（Morningstar, Inc）所有（2016 年）。此聲明包含以下訊息：（1）表格版權屬於晨星以及/或其內容提供者；（2）不得複印或散布；（3）不構成晨星所提供的投資建議；（4）不保證正確、完整或及時。晨星以及/或其內容提供者均不對使用此訊息而造成的任何損害或損失負責。過去績效不代表未來成果。使用晨星的資訊，不表示本出版品是以晨星公司所同意的投資方法或策略構成。

2. 同註釋 1。

3. 同註釋 1。

4. "William Berkley Profile," *Forbes* (September 14, 2016), http://www.forbes.com/Profile/william-berkley/ (accessed September 14, 2016).

5. "George Joseph Profile," *Forbes* (September 14, 2016), http://www.forbes.com/Profile/george-joseph/ (accessed September 14, 2016).

6. "Patrick Ryan Profile," *Forbes* (September 14, 2016), http://www.forbes.com/Profile/patrick-ryan/ (accessed September 14, 2016).

7. "Sanford Weill Profile," *Forbes* (September 14, 2016), http://www.forbes.com/Profile/sanford-weill/ (accessed September 14, 2016).

8. "Equilar/Associated Press S&P 500 CEO Pay Study 2016," *Equilar* (May 25, 2016), http://www.equilar.com/reports/37-associated-press-pay-study-2016.html (accessed September 6, 2016).

9. "The Forbes 400 2016," *Forbes*, http://www.forbes.com/forbes-400/list/#version:static (accessed October 11, 2016).

10. Robert Berner, "The Next Warren Buffett? ," *BusinessWeek* (November 22, 2004), http://www.businessweek.com/magazine/content/04_47/b3909001_mz001.htm (accessed April 21, 2008).

11. Patricia Sellers, "Eddie Lampert: The Best Investor of His Generation," *Fortune* (February 6, 2006), http://money.cnn.com/2006/02/03/news/companies/investorsguide_lampert/index.htm (accessed April 16, 2008).

12. Berner, "The Next Warren Buffett?"

13. 同註釋 12。

14. Sellers, "Eddie Lampert."

15. Berner, "The Next Warren Buffett?"

16. "The Forbes 400 2016."

17. Andrew Ross Sorkin, "A Movie and Protesters Single Out Henry Kravis," *New York Times* (December 6, 2007), http://www.nytimes.com/2007/12/06/business/06equity.html?ex=1354597200&en=18531ee4bfaf9f2d&ei=5088&partner=rssnyt&emc=rss (accessed April 16, 2008).

18. Peter Carbonara, "Trouble at the Top," *CNN Money* (December 1, 2003), http://money.cnn.com/magazines/moneymag/moneymag_archive/2003/12/01/354980/index.htm (accessed April 16, 2008).

19. Andy Serwer, Joseph Nocera, Doris Burke, Ellen Florian, and Kate Bonamici, "Up Against the Wall," *Fortune* (November 24, 2003), http://money.cnn.com/magazines/fortune/fortune_archive/2003/11/24/353793/index.htm (accessed April 16, 2008).

20. James B. Stewart, "The Opera Lover," *New Yorker* (February 13, 2006), http://www.newyorker.com/archive/2006/02/13/060213fa_fact_stewart (accessed April 16, 2008).

21. Matthew Miller, "The Optimist and the Jail Cell," *Forbes* (October 10, 2005), https://www.forbes.com/free_forbes/2005/1010/060a.html (accessed March 13, 2017).

22. Stewart, "The Opera Lover."

23. *Bloomberg News*, "Two Advisers Defrauded at Least 8 Clients, S.E.C. Says" (November 12, 2005).

24. Charles Gasparino and Susanne Craig, "A Lehman Brothers Broker Vanishes, Leaving Questions, and Losses, Behind," *Wall Street Journal* (February 8, 2002), http://online.wsj.com/article/SB1013123372605057920.html?mod=googlewsj (accessed May 19, 2008).

25. 同注釋 24。

26. U.S. Securities and Exchange Commission, "Litigation Release No. 17590" (June 27, 2002), http://www.sec.gov/litigation/litreleases/lr17590.htm (accessed April 16, 2008).

27. Erik Larson, "Ex-JPMorgan Broker Admits Stealing $22 Million for Gambling," *Bloomberg* (November 5, 2015), https://www.bloomberg.com/news/articles/2015-11-05/ex-jpmorgan-broker-pleads-guilty-in-theft-of-20-million (accessed January 26, 2017).

28. Mark Schoeff Jr., "Florida Congressman Grayson a Victim of $18 Million Stock Scam," *Investment News* (December 12, 2013), http://www.

investmentnews.com/article/20131212/FREE/131219958 (accessed October 11, 2016).

29. U.S. Securities and Exchange Commission, "Litigation Release No. 22820" (September 27, 2013), https://www.sec.gov/litigation/litreleases/2013/lr22820.htm (accessed October 11, 2016).

30. Sital S. Patel, "How Madoff Probe Uncovered a Hedge-Fund Scam Led by Ex-MIT Professor," *MarketWatch* (August 13, 2014), http://blogs.marketwatch.com/thetell/2014/08/13/how-madoff-probe-uncovered-ahedge-fund-scam-led-by-ex-mit-professor/ (accessed October 11, 2016).

31. David Phelps, "Financial Adviser Meadows Sentenced to 25 Years After $10M Theft Conviction," *Minneapolis Star Tribune* (June 27, 2015), http://www.startribune.com/fi nancial-advisor-meadows-sentenced-to-25-yearsafter-10m-theft-conviction/310185051/ (accessed October 11, 2016).

32. Paul Walsh and Mary Lynn Smith, "Charges: Mpls. Investor Ran $10M Scheme; Some Spent at Casinos, Erotic Venues," *Minneapolis Star Tribune* (August 6, 2014), http://www.startribune.com/charges-mpls-investor-ran-10m-scheme-some-spent-at-casinos-erotic-venues/270158961/ (accessed October 11, 2016).

第 8 章

1. 3M History, "The Evolution of the Post-It Note," http://www.3m.com/intl/hk/english/in_hongkong/postit/pastpresent/history_tl.html (accessed April 14, 2008).

2. Stacy Perman, "He Invents! Markets! Makes Millions!" *BusinessWeek* (October 3, 2005), http://www.businessweek.com/smallbiz/content/oct2005/sb20051003_862270.htm (accessed April 14, 2008).

3. Karissa Giuliano and Sarah Whitten, "The World's First Billionaire Author Is Cashing In," CNBC (July 31, 2015), http://www.cnbc.com/2015/07/31/the-worlds-fi rst-billionaire-author-is-cashing-in.html (accessed September 15, 2016).

4. "JK Rowling Profile," *Forbes* (September 2015), http://www.forbes.com/profile/jk-rowling/ (accessed September 15, 2016).

5. Laura Woods, "Dolly Parton's Staggering Net Worth Revealed," *AOL Finance* (January 17, 2017), https://www.aol.com/article/finance/2017/01/17/dolly-partons-staggering-net-worth-revealed/21656680/ (accessed February 28, 2017).

6. Kelly Phillips Erb, "Marc Rich, Famous Fugitive and Alleged Tax Evader Pardoned by President Clinton, Dies," *Forbes* (June 27, 2013), http://www.forbes.com/sites/kellyphillipserb/2013/06/27/marc-rich-famous-fugitivealleged-tax-evader-pardoned-by-president-clinton-dies/#169805829d9c (accessed September 15, 2016).

7. The Staff, "Interview with Morris 'Sandy' Weinberg, Esq.," *Jurist* (March 7, 2001), http://jurist.law.pitt.edu/pardonsex8.htm (accessed April 14, 2008).

8. Denise Rich, "Denise Rich Biography," http://www.deniserichsongs.com/bio.html (accessed April 14, 2008).

9. "Making Money with Your Music," *Taxi.com*, http://www.taxi.com/faq/makemoney/index.html (accessed May 12, 2008).

10. Alison Leigh Cowan, "Ex-Advisor Sues Denise Rich, Claiming Breach of Contract," *New York Times* (August 17, 2002), http://query.nytimes.com/gst/fullpage.html?res=9502EED7153DF934A2575BC0A9649C8B63 (accessed May 12, 2008).

11. Hugh McIntyre, "Paul McCartney's Fortune Puts Him Atop the Richest Musicians List," *Forbes*, May 21, 2015, http://www.forbes.com/sites/hughmcintyre/2015/05/01/paul-mccarnteys-1-1-billion-fortune-helps-him-topthe-richest-british-musicians-list/#7dcaf9136f62 (accessed September 15, 2016).

12. "The Forbes 400 2016," *Forbes*, http://www.forbes.com/forbes-400/list/#version:static (accessed October 11, 2016).

13. 同注釋 12。

14. Daniel Gross, "How Hillary and Bill Clinton Parlayed Decades of Public

Service into Vast Wealth," *Fortune* (February 15, 2016), http://fortune.com/2016/02/15/hillary-clinton-net-worth-finances/ (accessed September 15, 2016).

15. Stephen Labaton, "Rose Law Firm, Arkansas Power, Slips as It Steps onto a Bigger Stage," *New York Times* (February 26, 1994), http://query.nytimes.com/gst/fullpage.html?res=9A05E2DB163AF935A15751C0A962958260&sec=&spon=&pagewanted=all (accessed April 14, 2008).

16. Council of State Governments' Survey, January 2004 and January 2005.

17. Dan Ackman, "Bill Clinton: Good-Bye Power, Hello Glory," *Forbes* (June 25, 2002), http://www.forbes.com/2002/06/25/0625clinton.html (accessed May 19, 2008).

18. John Solomon and Matthew Mosk, "For Clinton, New Wealth in Speeches," *Washington Post* (February 23, 2007), http://www.washingtonpost.com/wpdyn/content/article/2007/02/22/AR2007022202189.html (accessed April 14, 2008).

19. 假設他們的收入從 1979 年到 1992 年，每年存下一半（117,500 美元），然後在 1993 年到 2000 年是每年存下 10 萬美元，並假設折合成年率的報酬率是 10%。

20. Robert Yoon, "$153 Million in Bill and Hillary Clinton Speaking Fees, Documented," CNN (February 6, 2016), http://www.cnn.com/2016/02/05/politics/hillary-clinton-bill-clinton-paid-speeches (accessed September 15, 2016).

21. Solomon and Mosk, "For Clinton, New Wealth in Speeches."

22. Eugene Kiely, "Does President Obama Want a Higher Pension? ," FactCheck.org (May 20, 2016), http://www.factcheck.org/2016/05/doesobama-want-a-higher-pension/ (accessed September 15, 2016).

23. Kellie Lunney, "Which Ex-President Cost the Government the Most in Fiscal 2015? ," *Government Executive* (March 21, 2016), http://www.govexec.com/pay-benefi ts/2016/03/which-ex-president-cost-government-mostfiscal-2015/126826/ (accessed September 15, 2016).

24. Stephanie Smith, CRS Report for Congress, "Former Presidents: Federal Pension and Retirement Benefits" (March 18, 2008), www.senate.gov/reference/resources/pdf/98-249.pdf (accessed April 15, 2008).

25. "The World's Billionaires Real-Time List," *Forbes*, http://www.forbes.com/billionaires/list/#version:realtime (accessed September 15, 2016).

26. US House of Representatives, "Salaries: Executive, Legislative and Judicial," January 2015, https://pressgallery.house.gov/member-data/salaries (accessed September 15, 2016).

27. U.S. Census Bureau 2006.

28. US House of Representatives, "Salaries."

29. Patrick J. Purcell, "Retirement Benefits for Members of Congress," Congressional Research Service (February 9, 2007), http://www.senate.gov/reference/resources/pdf/RL30631.pdf (accessed May 19, 2008).

30. "Herb Kohl Profile," *Forbes* (September 2016), http://www.forbes.com/profile/herb-kohl/ (accessed September 15, 2016).

31. Edwin Durgy, "What Mitt Romney Is Really Worth: An Exclusive Analysis of His Latest Finances," *Forbes* (May 16, 2012), http://www.forbes.com/sites/edwindurgy/2012/05/16/what-mitt-romney-is-reallyworth/#887f7029279a (accessed September 15, 2016).

32. Roll Call's Wealth of Congress Index (November 2, 2015), http://media.cq.com/50Richest/ (accessed September 15, 2016).

33. William P. Barrett, "Sidney Harman Ain't No Billionaire," *Forbes* (August 11, 2010), http://www.forbes.com/sites/williampbarrett/2010/08/11/sidneyharmannewsweekbillionairetrump/2/#11defc3f764f (accessed September 15, 2016).

34. "Jeff Bingaman (D-NM) Personal Financial Disclosures Summary: 2007," OpenSecrets.org, http://www.opensecrets.org/pfds/summary.php?year=2007&cid=n00006518 (accessed September 15, 2016).

35. "Rudy Giuliani," *Celebrity Net Worth* (2016), http://www.celebritynetworth.com/richest-politicians/republicans/rudy-giuliani-net-worth/ (accessed

September 15, 2016).

36. "Olympia Snowe (R-Maine) Personal Financial Disclosures Summary: 2012," OpenSecrets.org, http://www.opensecrets.org/pfds/summary. php?cid=N00000480&year=2012 (accessed September 15, 2016).

37. Sean Loughlin and Robert Yoon, "Millionaires Populate US Senate," CNN (June 13, 2003), http://www.cnn.com/2003/ALLPOLITICS/06/13/ senators.finances/ (accessed April 15, 2008).

38. "Richard C. Shelby (R-AL) Personal Financial Disclosures Summary: 2014," OpenSecrets.org, http://www.opensecrets.org/pfds/summary. php?cid=N00009920&year=2014 (accessed September 15, 2016).

39. "Rudy Giuliani."

40. Stephanie Condon, "Report: Al Gore's Net Worth at $200 Million," CBS News (May 6, 2013), http://www.cbsnews.com/news/report-al-gores-networth-at-200-million/ (accessed September 15, 2016).

41. Patrick J. Reilly, "Jesse Jackson's Empire," *Capital Research Center*, http:// www.enterstageright.com/archive/articles/0401jackson.htm (accessed April 15, 2008).

42. Steve Miller and Jerry Seper, "Jackson's Income Triggers Questions," *Washington Times*, February 26, 2001.

43. Walter Shapiro, "Taking Jackson Seriously," *Time* (April 11, 1988), http:// www.time.com/time/magazine/article/0,9171,967157-1,00.html (accessed May 22, 2008).

44. James Antle, "Tea Party Hero Jim DeMint Is Leaving the Senate—but Not Politics," *Guardian* (December 7, 2012), https://www.theguardian.com/ commentisfree/2012/dec/07/tea-party-jim-demint-leavessenate# comment-19917782 (accessed January 31, 2017).

第 9 章

1. National Association of Realtors, Average Single-Family Existing Home Price, as of April 2016.

2. "The Forbes 400 2016," *Forbes*, http://www.forbes.com/forbes-400/list/#version:static (accessed October 11, 2016).

3. Department of Housing and Community Development, State of California, "Median and Average Home Prices and Rents for Selected California Counties," http://www.hcd.ca.gov/hpd/hrc/rtr/ex42.pdf (accessed May 20, 2008).

4. Federal Housing Finance Board, "National Average Contract Mortgage Rate," http://www.fhfb.gov/GetFile.aspx?FileID=4328 (accessed May 20, 2008).

5. City Data, "San Mateo County, California (CA)," http://www.city-data.com/county/San_Mateo_County-CA.html (accessed May 20, 2008).

6. 同注釋 5。

7. 相關報導："Ex-Billionaire Tim Blixseth Refuses Order to Account for Diverted Cash," *Oregon Live* (April 30, 2016), http://www.oregonlive.com/pacific-northwest-news/index.ssf/2016/04/ex-billionaire_tim_blixseth_re.html (accessed September 15, 2016).

8. Edward F. Pazdur, "An Interview with Tim Blixseth, Chief Executive Officer, The Blixseth Group," *Executive Golfer*, http://www.executivegolfermagazine.com/cupVII/article3.htm (accessed May 20, 2008).

9. 同注釋 8。

10. "The Forbes 400 2016."

11. Alan Finder, "Koch Disputed on a Benefit to Developer," *New York Times* (January 16, 1989), http://query.nytimes.com/gst/fullpage.html?res=950DE5D9133FF935A25752C0A96F948260&sec=&spon=&pagewanted=all (accessed May 20, 2008).

12. Steve Rubenstein, "Ex-Armory Turns into Porn Site," *San Francisco Chronicle* (January 13, 2007), http://www.sfgate.com/cgi-bin/article.cgi?f=/c/a/2007/01/13/BAG0INI8PD1.DTL (accessed May 20, 2008).

13. Eliot Brown, "Tech Overload: Palo Alto Battles Silicon Valley's Spread," *Wall Street Journal* (September 13, 2016), http://www.wsj.com/articles/tech-

overload-palo-alto-battles-silicon-valleys-spread-1473780974 (accessed September 15, 2016).

14. Nathan Donato-Weinstein, "Exclusive: Irvine Company's Mission Town Center in Santa Clara Is Dead, for Now," *Silicon Valley Business Journal* (March 16, 2016), http://www.bizjournals.com/sanjose/news/2016/03/16/exclusiveirvine-companys-mission-town-center-in.html (accessed September 15, 2016).

15. George Andres, "For Tech Billionaire, Move to Nevada Proves Very Taxing," *Wall Street Journal* (July 17, 2006).

16. Arthur B. Laffer and Stephen Moore, "Rich States, Poor States, ALEC-Laffer State Economic Competitive Index," American Legislative Exchange Council, Washington, DC (2007), http://www.alec.org/am/pdf/ALEC_Competitiveness_Index.pdf?bcsi_scan_23323C003422378C=0&bcsi_scan_filename=ALEC_Competitiveness_Index.pdf (accessed May 20, 2008).

17. 同注釋 16。

18. 同注釋 16。

第 10 章

1. FactSet, as of September 16, 2016.

2. FactSet, as of January 12, 2017. MSCI World Index return with net dividends, March 24, 2000, to December 31, 2016.

3. FactSet.

4. Almanac of American Wealth, "Wealthy Eccentrics," *Fortune*, http://money.cnn.com/galleries/2007/fortune/0702/gallery.rich_eccentrics.-fortune/2.html (accessed May 20, 2008).

10條路，賺很大

肯恩‧費雪教你跟著有錢人合法搶錢！好讀、風趣又有用的致富指南【全新增訂版】

The Ten Roads to Riches: The Ways the Wealthy Got There （And How You Can Too!）, 2nd Edition

作　　　者	肯恩‧費雪（Ken Fisher）、菈菈‧霍夫曼斯（Lara W.Hoffman）、伊莉莎白‧迪琳格（Elisabeth Dellinger）			
譯　　　者	周詩婷			

總 編 輯	許訓彰	行銷經理	胡弘一
責任編輯	陳家敏	企畫主任	朱安棋
封面設計	萬勝安	行銷企畫	林律涵、林苡蓁
內文排版	菩薩蠻數位文化有限公司	印　　務	詹夏深
校　　對	許訓彰		

發 行 人　梁永煌
社　　長　謝春滿

出 版 者　今周刊出版社股份有限公司
地　　址　台北市中山區南京東路一段96號8樓
電　　話　886-2-2581-6196
傳　　真　886-2-2531-6438
讀者專線　886-2-2581-6196轉1
劃撥帳號　19865054
戶　　名　今周刊出版社股份有限公司
網　　址　http://www.businesstoday.com.tw

總 經 銷　大和書報股份有限公司
製版印刷　緯峰印刷股份有限公司
初版一刷　2023年5月
初版二刷　2023年7月
定　　價　420元

The Ten Roads to Riches: The Ways the Wealthy Got There（And How You Can Too）, 2nd Edition by Ken Fisher, Lara W.Hoffman ,& Elisabeth Dellinger
Copyright © 2017 by Fisher Investment.All Rights Reserved
All Rights Reserved.This translation published under license with the original publisher John Wiley&Sons,Inc.
through BIG APPLE AGENCY, INC., LABUAN, MALAYSIA.
Orthodox Chinese edition copyright © 2023 Business Today Publisher

國家圖書館出版品預行編目(CIP)資料

10條路,賺很大 : 肯恩.費雪教你跟著有錢人合法搶錢!好讀、風趣又有用的致富指南【全新增訂版】/ 肯恩.費雪, 菈菈.霍夫曼斯, 伊莉莎白.迪琳格著 ; 周詩婷譯. -- 初版. -- 臺北市 : 今周刊出版社股份有限公司, 2023.05
　　面；　公分
譯自：The ten roads to riches : the ways the wealthy get there (and how you can too)
ISBN 978-626-7266-17-5(平裝)

1.CST: 職場成功法 2.CST: 財富

494.35　　　　　　　　　　　　　　　　　　　112003952

Investment

Investment

Investment

Investment